Alok Manas Dubey
Ashok Kumar Yadav
Hully Bhandula

Análise da zona afetada pelo calor de amostras de aço macio soldadas por MIG

Alok Manas Dubey
Ashok Kumar Yadav
Hully Bhandula

Análise da zona afetada pelo calor de amostras de aço macio soldadas por MIG

ScienciaScripts

Imprint

Any brand names and product names mentioned in this book are subject to trademark, brand or patent protection and are trademarks or registered trademarks of their respective holders. The use of brand names, product names, common names, trade names, product descriptions etc. even without a particular marking in this work is in no way to be construed to mean that such names may be regarded as unrestricted in respect of trademark and brand protection legislation and could thus be used by anyone.

Cover image: www.ingimage.com

This book is a translation from the original published under ISBN 978-3-659-85938-0.

Publisher:
Sciencia Scripts
is a trademark of
Dodo Books Indian Ocean Ltd. and OmniScriptum S.R.L publishing group

120 High Road, East Finchley, London, N2 9ED, United Kingdom
Str. Armeneasca 28/1, office 1, Chisinau MD-2012, Republic of Moldova, Europe
Printed at: see last page
ISBN: 978-620-5-52671-2

ÍNDICE DE CONTEÚDOS

RESUMO

A soldadura por arco metálico a gás é a mais utilizada para soldaduras longas e contínuas, sendo também versátil na sua natureza, uma vez que as soldaduras por pontos também podem ser realizadas pelo processo GMAW, que requer mão de obra relativamente simples e menos qualificada, pelo que é maioritariamente automatizado e, uma vez estabelecidos os parâmetros de soldadura, deve ser possível produzir soldaduras repetíveis. É também designado por soldadura MIG. Como existe uma grande influência das condições de soldadura no comportamento da zona afetada pelo calor (ZTA), o presente trabalho investiga o efeito da condição de soldadura de acordo com as propriedades mecânicas do aço macio e apresenta a condição de soldadura óptima através da avaliação da capacidade de soldadura do aço macio pelas condições de soldadura, tais como os passes de soldadura, a variação da tensão, a corrente, a variação e a alteração da espessura dos planos de aço macio. Para descobrir as condições óptimas de soldadura através das propriedades mecânicas, foi selecionado o aço macio (0,134% de carbono) como um espécime com espessura de 5, 8 e 16 mm, que foi preparado para a experiência. Os espécimes foram soldados na gama de 20-24 Volt, 130-150Amp e foram extraídas peças de teste para testar a tensão, o impacto, a dureza e a microestrutura. Os resultados experimentais revelaram que, com o aumento da tensão, há um aumento da penetração, pelo que, utilizando os parâmetros, foi possível efetuar mais soldaduras. Os resultados mostram que, com o aumento da corrente, há um aumento da dureza da ZTA e da resistência à tração final, e que o aumento do número de passes provoca uma diminuição da dureza e da resistência à tração final. A energia de absorção do impacto mostra o aumento da energia com o aumento do número de passes.

CAPÍTULO 1

INTRODUÇÃO

1.1 Soldadura

A soldadura é um processo de fabrico que consiste em unir dois ou mais materiais em juntas fiáveis permanentes com as propriedades mecânicas desejadas. Isto é frequentemente feito através da fusão das peças de trabalho e da adição de um material de enchimento para formar uma poça de material fundido (a poça de soldadura) que arrefece para se tornar uma junta forte, mas por vezes é utilizada a pressão em conjunto com o calor, ou por si só, para produzir a soldadura. Isto contrasta com a soldadura e a brasagem, que envolvem a fusão de um material de ponto de fusão inferior entre as peças de trabalho para formar uma ligação entre elas, sem derreter as peças de trabalho.

Uma zona termicamente afetada (ZTA) de uma soldadura é a parte da junta soldada que foi aquecida a uma temperatura até ao solidus do material de base, resultando num grau variável de influência na microestrutura como consequência do ciclo de aquecimento e arrefecimento.

1.2 Variáveis que afectam a soldadura

As variáveis de soldadura na soldadura por arco têm um enorme efeito nas propriedades mecânicas da soldadura e na tenacidade da ZTA e na forma e tamanho do cordão de soldadura. As variáveis que afectam as propriedades mecânicas da soldadura e da ZTA na soldadura por arco são classificadas nos seguintes grupos

1.2.1 Variáveis primárias

A corrente de soldadura, a tensão e a velocidade de soldadura são mais frequentemente utilizadas para alterar as caraterísticas do metal de solda e são designadas como variáveis primárias.

a) **Corrente de soldadura:**

A corrente de soldadura é a variável mais influente no processo de soldadura por arco, que controla a taxa de perda do elétrodo, a profundidade de fusão e a geometria das soldaduras.

b) **Tensão de soldadura:**

Esta é a diferença de potencial elétrico entre a ponta do fio de soldadura e a superfície da poça de fusão. Determina a forma da zona de fusão e o reforço da soldadura. Uma tensão de soldadura mais baixa produz soldaduras mais largas, mais planas e com menor profundidade de penetração do que as tensões de soldadura elevadas. A profundidade de penetração é máxima com uma tensão de arco óptima.

c) **Velocidade de soldadura:**

No processo de soldadura por arco, o aumento da velocidade de soldadura provoca:

i.   Diminuição da entrada de calor por unidade de comprimento da soldadura.

ii.   Diminuição da taxa de desativação do elétrodo.

iii.   Diminuição do reforço da soldadura.

iv.   Se a velocidade de soldadura diminuir para além de um certo ponto, a penetração também diminuirá devido à presença de uma grande quantidade de poça de fusão por baixo do elétrodo, que amortecerá a força de penetração do arco.

d) **Número de passagens:**

Um aumento do número de passes aumenta a deposição de metal no sulco de soldadura e também aumenta o reforço da soldadura. Devido ao aumento do número de passes, é gerada uma grande quantidade de calor que altera as propriedades mecânicas do metal de base e da zona afetada pelo calor.

1.2.2 Variáveis secundárias

As variáveis secundárias incluem o stick out, a velocidade de alimentação do fio, o ângulo da tocha, etc.

Inclinação do elétrodo: Este é o ângulo que o elétrodo faz com a normal no ponto do arco no plano longitudinal. Se o maçarico se mantiver perpendicular à junta, chama-se normal. Quando o elétrodo está apontado na direção do avanço, diz-se que é uma soldadura de vanguarda e quando o elétrodo está apontado na direção oposta, diz-se que é uma soldadura de contra-mão.

Realizaram-se muitas investigações no domínio da soldadura para estudar o efeito de vários parâmetros na microestrutura e nas propriedades mecânicas das juntas soldadas e da zona afetada pelo calor de diferentes materiais com diferentes composições, como o metal velho e, nas suas experiências, investigaram o efeito da entrada de calor na microestrutura e nas propriedades (dureza, resistência à tração, ductilidade, tenacidade e microestrutura) de aços de alta resistência. Makighi et al estudaram o efeito da corrente de soldadura e do aporte térmico no cristal metálico e na dureza do metal depositado e da zona afetada pelo calor de soldaduras de aço macio. No presente trabalho, apenas foi considerada a zona afetada pelo calor e foram investigados os efeitos da corrente de soldadura, da tensão e do número de passes na microestrutura e nas propriedades mecânicas da zona afetada pelo calor do aço macio.

CAPÍTULO 2

REVISÃO DA LITERATURA

2.1 Soldadura por arco metálico a gás (GMAW)

A soldadura por arco metálico a gás, também conhecida como soldadura por gás inerte metálico (MIG), é um processo de soldadura por arco que produz a coalescência de metais aquecendo-os com um arco entre um elétrodo de metal de adição alimentado continuamente e o trabalho.

O processo utiliza a proteção de um gás fornecido externamente para proteger o banho de soldadura fundido. Após o arrefecimento e a solidificação da poça de fusão, é criada uma ligação metalúrgica. Uma vez que a união é uma mistura de metais, a soldadura final tem potencialmente as mesmas propriedades de resistência que o metal das peças. Isto contrasta fortemente com os processos de união sem fusão (ou seja, soldadura, brasagem, etc.) em que as propriedades mecânicas e físicas dos materiais de base não podem ser duplicadas na junta.

O calor intenso necessário para fundir o metal é produzido por um arco elétrico. O arco é formado entre o trabalho real e um fio de elétrodo que é guiado manual ou mecanicamente ao longo da junta. O elétrodo tem geralmente a forma de um rolo que é guiado através dos rolos do condutor de arame e, através do tubo, chega à pistola de soldadura.

Trata-se de um fio especialmente preparado que não só conduz a corrente como também funde e fornece metal de enchimento à junta. Existem principalmente três tipos de fio: 1) um com revestimento de cobre sobre o fio de enchimento para proporcionar uma condutividade extra, como os fios de aço macio. 2) fio de enchimento sólido e 3) fios fluxados. A maior parte da soldadura no fabrico de produtos de aço utiliza o segundo tipo de elétrodo.

2.2 . Circuito básico de soldadura

O circuito básico GMAW é ilustrado na Fig. 2.1. Podem ser utilizadas fontes de alimentação DC ou AC. Nesta soldadura, utiliza-se principalmente a polaridade DC+ (inversa) para o elétrodo. O fio de enchimento do rolo de fio é movido para a pistola de soldadura com a ajuda de um sistema de suporte de rolos, como se mostra na Fig.2.1.

Uma vez que o elétrodo é alimentado automaticamente através da pistola de soldadura. Pelo contrário, na soldadura com gás inerte de tungsténio, o soldador tem de manusear uma tocha de soldadura com uma mão e um fio de enchimento separado com a outra, e na soldadura por arco metálico protegido, o operador tem de retirar frequentemente a escória e mudar os eléctrodos de soldadura. A soldadura GMAW requer apenas que o operador guie a pistola de soldadura com a posição e orientação adequadas ao longo da área a ser soldada.

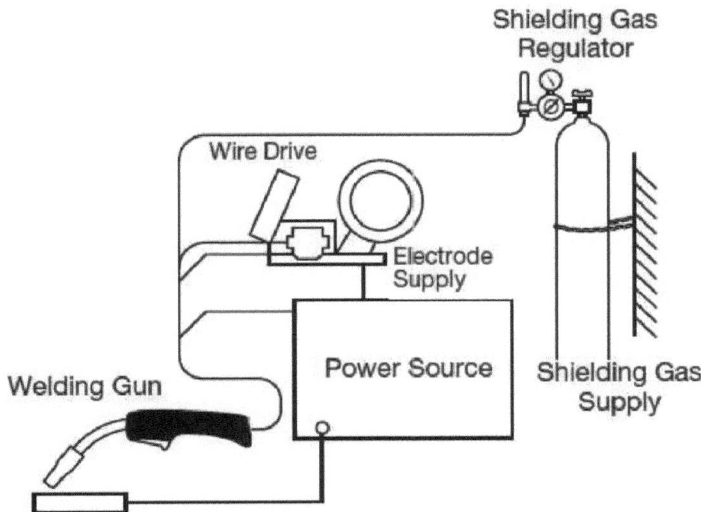

Fig. 2.1 O circuito básico de soldadura por arco gás-metal

É importante manter uma distância consistente entre a ponta de contacto e o trabalho (a distância de *stickout*), porque uma distância de stickout longa pode provocar o sobreaquecimento do elétrodo e também desperdiçar gás de proteção. A distância de stickout varia para diferentes processos e aplicações de soldadura GMAW. Para a transferência por curto-circuito, o stickout é geralmente de 1/4 a 1/2 polegada, para a transferência por pulverização o stickout é geralmente de 1/2 polegada.

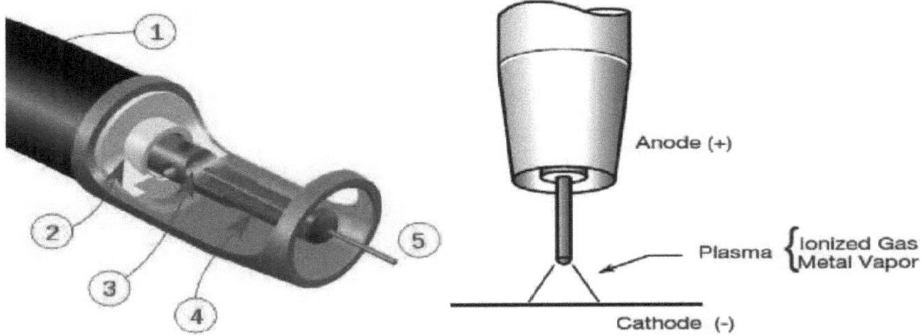

Fig. 2.2: Pistola de soldadura GMAW.

1) Indica a pistola de soldadura, 2) Saída de gás de proteção, 3) Tubo de cobre, 4) Ponta de contacto, 5) Fio de enchimento.

A posição da extremidade da ponta de contacto em relação ao bocal de gás está relacionada com a distância de saída e também varia com o tipo de transferência e a aplicação. A orientação da pistola também é importante, uma vez que deve ser segurada de forma a biselar o ângulo entre as peças de trabalho; ou seja, a 45 graus para uma soldadura em ângulo e a 90 graus para soldar uma superfície plana. O ângulo de deslocamento ou ângulo de ataque é o ângulo da tocha em relação à direção do deslocamento, e deve geralmente permanecer aproximadamente vertical. No entanto, o ângulo desejável muda um pouco consoante o tipo de gás de proteção utilizado. Com gases inertes puros, a parte inferior da tocha está frequentemente ligeiramente à frente da secção superior, enquanto o oposto é verdadeiro quando a atmosfera de soldadura é dióxido de carbono.

O arco produz uma temperatura de cerca de 3593°C na ponta. Este calor derrete o metal de base e o elétrodo, produzindo uma poça de metal fundido, por vezes chamada "cratera". A cratera solidifica atrás do elétrodo à medida que este se desloca ao longo da junta. O resultado é uma ligação por fusão.

2.3 Blindagem contra arco elétrico

No entanto, para unir metais é necessário mais do que mover um elétrodo ao longo de uma junta. Os metais a altas temperaturas tendem a reagir quimicamente com os elementos do ar - oxigénio e nitrogénio. Quando o metal na poça de fusão entra em contacto com o ar, formam-se óxidos e nitretos que destroem a resistência e a tenacidade da junta de soldadura.

Por conseguinte, muitos processos de soldadura por arco fornecem alguns meios para cobrir o arco e a poça de fusão com um escudo protetor de gás e escória. A isto chama-se proteção do arco. Esta proteção impede ou minimiza o contacto do metal fundido com o ar. A proteção também pode melhorar a soldadura. Um exemplo é um fluxo granular, que adiciona desoxidantes à soldadura. Muitas vezes, são também utilizados gases de proteção para evitar a oxidação, como o árgon, o hélio, o dióxido de carbono e misturas de gases. A mistura de gases torna a soldadura mais económica. As misturas de árgon com CO_2, árgon com hélio e árgon com hélio, etc., tornam a soldadura mais económica. Na soldadura MIG, o dióxido de carbono é utilizado como gás de proteção, tornando-a mais económica. O efeito dos gases de proteção pode ser visto na fig.2.3.

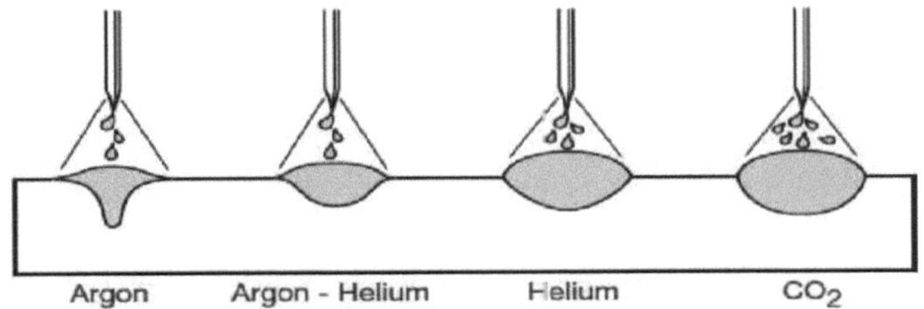

Fig. 2.3: Contorno do cordão e padrão de penetração com diferentes gases de proteção.

2.4 Natureza do arco

Um arco é uma corrente eléctrica que flui entre dois eléctrodos através de uma coluna de gás ionizado. Um cátodo com carga negativa e um ânodo com carga positiva criam o calor intenso do arco de soldadura. Os iões negativos e positivos são projectados uns contra os outros na coluna de plasma a uma velocidade acelerada.

Na soldadura, o arco não só fornece o calor necessário para fundir o elétrodo e o metal de base, mas também fornece os meios para transportar o metal fundido da ponta do elétrodo para a peça. Existem vários mecanismos de transferência de metal. Dois (de muitos) exemplos incluem:

Transferência de metal por curto-circuito

A transferência de uma única gota de elétrodo fundido ocorre durante a fase de curto-circuito do ciclo de transferência, como se mostra na Fig. 2.4. O contacto físico do elétrodo ocorre com a poça de fusão, e o número de eventos de curto-circuito pode ocorrer até 200 vezes por segundo. A corrente fornecida pela fonte de alimentação de soldadura aumenta, e o aumento da corrente acompanha um aumento da força magnética aplicada à extremidade do elétrodo. O campo eletromagnético, que rodeia o elétrodo, fornece a força que espreme (mais vulgarmente conhecido como pinça) a gota fundida da extremidade do elétrodo. Devido à baixa entrada de calor associada à transferência por curto-circuito, é mais comummente aplicada a material de espessura de chapa metálica. No entanto, tem sido frequentemente utilizado para soldar o passe de raiz em secções mais espessas de material em juntas de ranhuras abertas.

Transferência de metal globular-

A transferência globular de metal é um modo de transferência de metal GMAW, em que um elétrodo de arame sólido ou metalizado alimentado continuamente é depositado numa combinação de curtos-circuitos e grandes gotas assistidas por gravidade, como se mostra na Fig. 2.5. As gotas maiores têm uma forma irregular. Durante a utilização de todos os eléctrodos de fio metálico ou sólido para GMAW, há uma transição onde termina a transferência por curto-circuito e começa a transferência globular. A transferência globular dá, carateristicamente, a aparência de grandes gotas fundidas de forma irregular que são maiores do que o diâmetro do elétrodo.

As gotas fundidas de forma irregular não seguem um desprendimento axial do elétrodo; em vez disso, podem cair fora do caminho da soldadura ou mover-se em direção à ponta de contacto. As forças do jato catódico, que se deslocam para cima a partir da peça de trabalho, são responsáveis pela forma irregular e pelo movimento giratório ascendente das gotas fundidas. O processo a este nível de corrente é difícil de controlar e os salpicos são graves. A gravidade é fundamental na transferência das grandes gotículas fundidas, com curtos-circuitos ocasionais.

Transferência por pulverização -

A transferência de metal por pulverização é o modo de transferência de metal de energia mais elevada, em que um elétrodo de arame sólido ou com núcleo metálico alimentado continuamente é depositado a um nível de energia mais elevado, resultando num fluxo de pequenas gotículas fundidas. As gotículas são impelidas axialmente através do arco, como se mostra na Fig. 2.6. A transferência por pulverização axial é a forma de energia mais elevada da transferência de metal GMAW. Para conseguir a transferência por pulverização axial, devem ser utilizadas misturas binárias contendo árgon + 1-5 % de oxigénio ou árgon + CO2, em que os níveis de CO2 são de 18% ou menos. A transferência axial por pulverização é suportada pela utilização de arame sólido ou de eléctrodos com núcleo metálico. A transferência por pulverização axial pode ser utilizada com todas as ligas comuns, incluindo: alumínio, magnésio, aço carbono, aço inoxidável, ligas de níquel e ligas de cobre. Com eléctrodos consumíveis, mais calor desenvolvido pelo arco é transferido para a poça de fusão. Isto produz eficiências térmicas mais elevadas e zonas afectadas pelo calor mais estreitas.

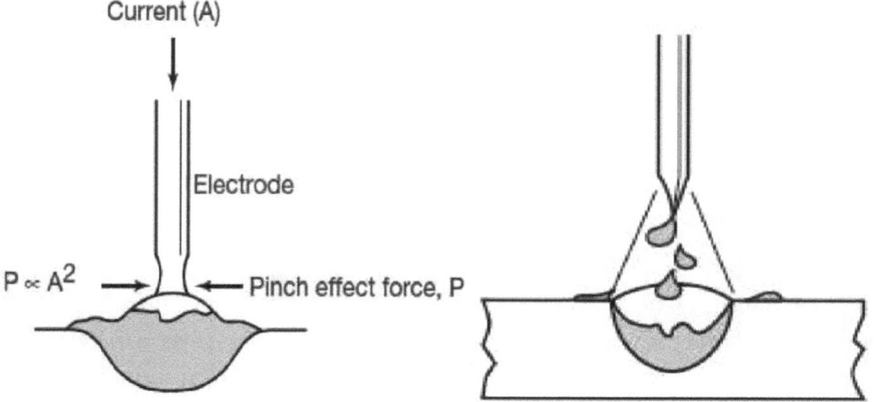

Fig. 2.4: Transferência de metal em curto-circuito
Fig. 2.5 Transferência de metal globular

2.5 Defeitos de soldadura comuns

Uma vez adquirida a sensação de soldar com o equipamento GMA, é provável que se verifique que as técnicas são menos difíceis de dominar do que muitos dos outros processos de soldadura; no entanto, tal como acontece com qualquer outro processo de soldadura, a soldadura GMA tem algumas armadilhas. Para produzir soldaduras de boa qualidade, é necessário aprender a reconhecer e corrigir possíveis erros de soldadura

defeitos. Seguem-se alguns dos defeitos mais comuns que pode encontrar, bem como as medidas corretivas que pode tomar:

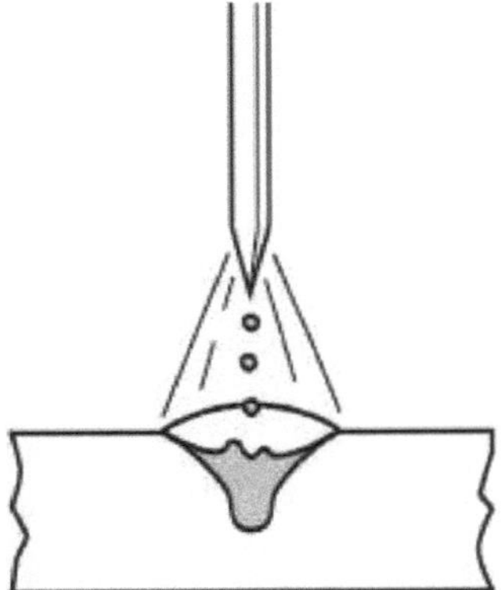

Fig. 2.6: Transferência de pulverização

Porosidade da superfície

A porosidade da superfície resulta normalmente da contaminação atmosférica. Pode ser causada por um bocal entupido, gás de proteção ajustado demasiado baixo ou demasiado alto, ou soldadura numa área ventosa. Para evitar a porosidade da superfície, deve manter o bocal limpo de salpicos, utilizar a pressão de gás correta e utilizar uma proteção contra o vento quando soldar numa área ventosa.

Porosidade da cratera

A porosidade da cratera resulta normalmente do facto de se afastar a tocha e o escudo de gás antes de a cratera ter solidificado. Para corrigir este problema, deve reduzir a velocidade de deslocação no final da junta. Também pode tentar reduzir a distância entre a ponta e o trabalho.

Volta fria

As sobreposições a frio resultam frequentemente quando o arco não funde suficientemente o metal de base. Quando ocorre uma sobreposição a frio, a poça de fusão flui para um metal de base não soldado. Muitas vezes, isto acontece quando se deixa que a poça se torne demasiado grande. Para corrigir este problema, deve manter o arco na extremidade dianteira da poça. Além disso, reduza o tamanho da poça aumentando a velocidade de deslocação ou reduzindo a velocidade de alimentação do fio. Pode também utilizar um ligeiro movimento de chicote.

Falta de penetração

A falta de penetração resulta normalmente de um aporte de calor demasiado baixo na zona de soldadura. Se a entrada de calor for demasiado baixa, aumente a velocidade de alimentação do fio para obter uma amperagem mais elevada. Além disso, pode tentar reduzir o stick-out do fio.

Queimar

A penetração excessiva é causada por uma entrada excessiva de calor na zona de soldadura. É possível corrigir este problema reduzindo a velocidade de alimentação do fio, o que, por sua vez, reduz a amperagem de soldadura. Também se pode aumentar a velocidade de deslocação. A abertura excessiva da raiz também pode provocar uma abertura excessiva da raiz. Para corrigir este problema, aumenta-se o stick-out do fio e oscila-se ligeiramente a tocha.

Bigode

Os bigodes são pequenos pedaços de arame de elétrodo que se espetam no lado da raiz da junta de soldadura. Isto é causado por empurrar o fio para além do bordo de ataque da poça de soldadura. Para evitar este problema, deve cortar a bola na extremidade do fio com um alicate de corte antes de premir o gatilho. Além disso, reduza a velocidade de deslocação e, se necessário, utilize um movimento de chicote.

2.6 Distribuição de temperatura em soldaduras e em redor

A Fig. 2.7 mostra a distribuição de temperatura em torno de uma soldadura topo a topo por arco metálico. O elétrodo (ou seja, o arco) move-se da direita para a esquerda. O bordo de ataque do padrão de temperatura é comprimido, porque o arco está continuamente a mover metal frio e o bordo de fuga torna-se alargado porque o arco deixa metal pré-aquecido na sua esteira. Uma soldadura por arco feita num metal de alta condutividade, como o cobre ou o alumínio, não produz um gradiente de temperatura tão acentuado como numa soldadura semelhante feita em aço.

Desde o advento da tecnologia de soldadura, esta tem sido amplamente utilizada como processo de fabrico. Envolve muitos fenómenos metalúrgicos. A metalurgia da soldadura é consideravelmente afetada pelos seguintes fenómenos:

(a) O metal de base e o elétrodo fundido re-solidificam como uma massa integrada sob a equivalência das condições de fundição a frio. Isto causa uma redistribuição dos micro constituintes e dos elementos de liga na zona do metal de solda.

(b) O metal de base é sujeito a um tratamento térmico complexo sob a forma de um gradiente de temperatura desde a temperatura elevada até à temperatura ambiente, seguido de um ciclo de arrefecimento induzido pelo metal frio vizinho e pela atmosfera.

(c) A temperatura e as mudanças de fase que ocorrem dentro e à volta da soldadura introduzem mudanças de volume que resultam no fluxo plástico, tensões residuais e, por vezes, também fissuração.

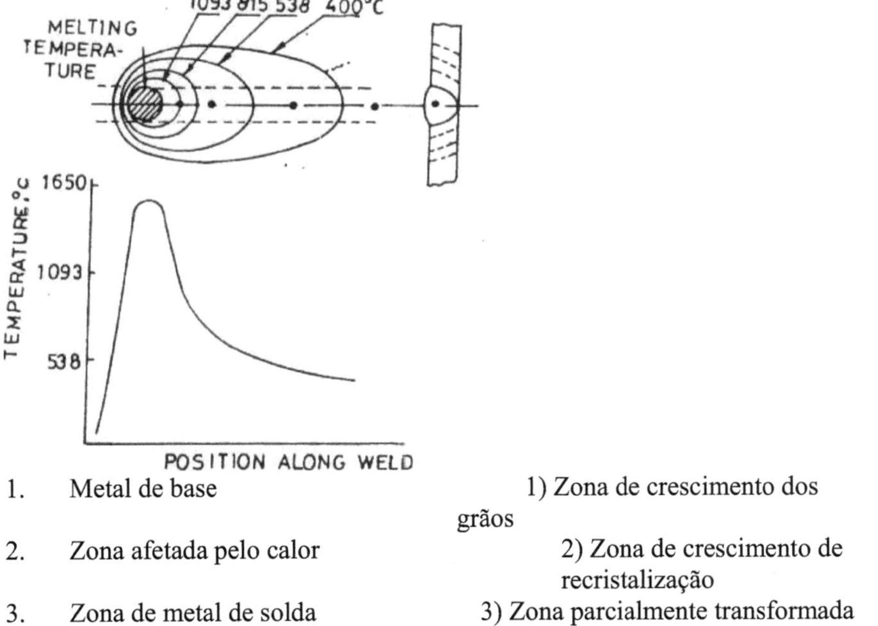

1.	Metal de base	1) Zona de crescimento dos grãos
2.	Zona afetada pelo calor	2) Zona de crescimento de recristalização
3.	Zona de metal de solda	3) Zona parcialmente transformada

Fig. 2.7 Distribuições de temperatura em torno de uma soldadura topo a topo por arco metálico.

A partir do estudo da microestrutura, existem três zonas distintas numa soldadura, conforme mencionado abaixo

A área circundante do banho de fusão é elevada a uma temperatura abaixo do ponto de fusão e, por conseguinte, é submetida a um tratamento térmico que difere do convencional no sentido em que ocorre uma rápida variação de temperatura com o tempo durante a soldadura. A área adjacente a um banho de solda recebe energia térmica de três formas diferentes.

1. Por condução através do metal de base,
2. Radiação da fonte de arco,
3. Pré-aquecer, se empregado.

À medida que o metal de base na vizinhança da poça de fusão recebe esse calor por estas fontes, é elevado a uma temperatura suficiente para causar variações microestruturais no metal de base. No entanto, o modo de transformação é regido pela taxa de arrefecimento subsequente, à medida que o arco se afasta e o material perde continuamente calor para o meio envolvente. Por conseguinte, durante o processo de soldadura por fusão, qualquer local próximo da poça de fusão experimenta um ciclo rápido de aquecimento e arrefecimento num curto espaço de tempo. Durante o aquecimento no processo de soldadura, é introduzido um ciclo térmico. Assim, o metal é aquecido numa gama de temperaturas (até à fusão) e seguido de arrefecimento até à temperatura ambiente. Por outras palavras, terá lugar um aquecimento diferencial, pelo que o metal afastado da soldadura será simplesmente aquecido, mas à medida que a área de soldadura se aproxima, obtêm-se temperaturas progressivamente mais elevadas, resultando numa mistura complexa correspondente de microestrutura, particularmente no aço.

Wei Zhou e K.G. Chew avaliaram a resistência ao impacto de uma junta de topo de uma liga de Ti-6A1-4V soldada por arco de tungsténio a gás à temperatura ambiente, utilizando espécimes Charpy padrão com entalhe em V. Os espécimes Charpy foram preparados com raízes de entalhe localizadas no metal de base, na zona termicamente afetada (ZTA) ou no metal de solda. A metalografia ótica e o ensaio de microdureza Vickers mostraram que o metal de soldadura tem os grãos mais grosseiros e a microdureza mais elevada em comparação com as ZTAs e o metal de base. No entanto, verificou-se que a resistência ao impacto Charpy da soldadura era mais de 50% superior à do metal de base ou da ZTA. A melhoria significativa na resistência ao impacto foi demonstrada como sendo devida à quantidade muito reduzida de grãos primários de a no metal de solda. Observou-se que os limites dos grãos primários de a são locais preferenciais para a nucleação de microfissuras e fornecem um caminho relativamente fácil para a propagação da fratura.

Cheng Liu et. al. realizaram a soldadura com feixe laser de CO_2 (LB) em chapas de liga de alumínio 7075-T6 a duas velocidades de soldadura diferentes e compararam-na com a soldadura com arco de tungsténio gasoso (GTA). As caraterísticas mecânicas e microestruturais das soldaduras são avaliadas através de ensaios de tração, ensaios de dureza, microscopia ótica e espetroscopia de raios X por dispersão de energia (EDS). Os resultados indicam que tanto a dureza como a resistência à tração das soldaduras LB são superiores às das soldaduras GTA. É demonstrado que o valor de dureza da região amolecida nas soldaduras LB se encontra na zona de fusão (FZ), enquanto que na zona afetada pelo calor (HAZ) das soldaduras GTA. As resistências à tração das soldaduras LB após o tratamento de envelhecimento artificial pós-soldadura a 120° C durante 26 horas são melhoradas mas não podem ser equivalentes às do metal de base porque a FZ amolecida da soldadura LB não é completamente recuperada após o tratamento artificial pós-soldadura.

H.K. Leea, K.S. Kimb e C.M. Kimdo realizaram ensaios de crescimento de fendas por fadiga para examinar a variação da resistência ao crescimento de fendas na junta de soldadura do aço AH36 TMCP. Verificaram que a resistência à iniciação e ao crescimento de fissuras aumenta do metal de base para o metal de soldadura à medida que o teor de ferrite acicular fina aumenta. A variação é, no entanto, bastante pequena e pode ser praticamente ignorada. A tenacidade à fratura é mais baixa na zona afetada pelo calor, perto da linha de fusão, onde se encontram grãos de bainite grosseiros

Kujanpas et al estudaram o efeito dos parâmetros de soldadura em vários defeitos, por exemplo, fissuras, cavidades centrais, cavidades centrais fendilhadas, cavidades onduladas, rebaixos e lombas. Concluíram que o tamanho e o número de defeitos aumentam acentuadamente com a corrente de soldadura. A velocidade de soldadura afecta o carácter dos defeitos. As fissuras e as cavidades onduladas formam-se a baixas velocidades, enquanto as cavidades centrais e as suas versões fissuradas, os cortes inferiores e as lombas surgem devido a altas velocidades.

Gooch e Ginn examinaram o efeito da variação dos procedimentos de soldadura na tenacidade da ZTA de aços austenítico-ferríticos de 12%Cr. Concluíram a partir da sua experiência que o aumento do arco na gama de 0,5 a 2,0 KJ/mm (13 a 50 KJ/in) causou algum aumento no tamanho do grão de ferrite. O efeito é mais pronunciado nos aços com elevado teor de ferrite. O reaquecimento promoveu um maior crescimento do grão, mas apenas nas regiões próximas da temperatura solidus. O teor de martensite na ZTA de grão grosso foi determinado principalmente pela composição do aço e pelo ciclo térmico inicial de alta temperatura. O reaquecimento na gama da austenite aumentou ligeiramente o nível final de martensite em aço com baixo fator de ferrite, mas o pré-aquecimento para retardar o arrefecimento tem um efeito negligenciável. Concluíram ainda que a tenacidade da ZTA dependia principalmente do tamanho de grão de ferrite de pico produzido pela soldadura. Assim, recomenda-se uma energia de arco baixa para obter uma tenacidade óptima da ZTA.

Gowrishankar et al verificaram experimentalmente o efeito do número de passes na estrutura e nas propriedades da soldadura de aço inoxidável AISI tipo 316L preparada por soldadura por arco submerso. Utilizaram amostras soldadas preparadas com 5, 9 e 13 passes para testar a dureza, a resistência à tração, a ductilidade, a tenacidade das soldaduras e examinar a sua microestrutura.

As suas experiências permitiram chegar às seguintes conclusões.

(i)   Um aumento do número de passes durante a soldadura resulta num aumento do teor mínimo de 8-ferrite na região da raiz da soldadura.

(ii)   O aumento do número de passes aumenta a dureza e a resistência à tração das soldaduras, (iii) A ductilidade e as propriedades de impacto do metal de solda diminuem com o aumento do número de passes durante a soldadura.

Voigt e Loper verificaram que a soldabilidade do ferro fundido dúctil é fraca devido principalmente à formação de martensite com elevado teor de carbono e de carboneto de ferro maciço na zona afetada pelo calor e na zona de fusão parcial, respetivamente. Mesmo após o recozimento pós-soldadura, uma distribuição fina de partículas secundárias de grafite na zona afetada pelo calor pode impedir que a soldadura atinja a tenacidade e a ductilidade do metal de base.

CAPÍTULO 3

METALURGIA DA SOLDADURA

Assim, é claro a partir da revisão da literatura que a maior parte do trabalho foi feito com a liga HSLA, alumínio, liga Ti-6A1-4V e material com diferentes composições e principalmente na soldadura TIG, mas não foi feito mais trabalho com aço macio, pelo que o presente trabalho foi realizado com aço macio para investigar o efeito dos parâmetros de soldadura nas propriedades mecânicas da zona afetada pelo calor de juntas soldadas em GMAW. Os processos que são comuns na soldadura são os seguintes:

(1) Fusão,
(2) Elenco,
(3) Conformação a quente e a frio,
(4) Tratamento térmico,
(5) Estrutura metalúrgica

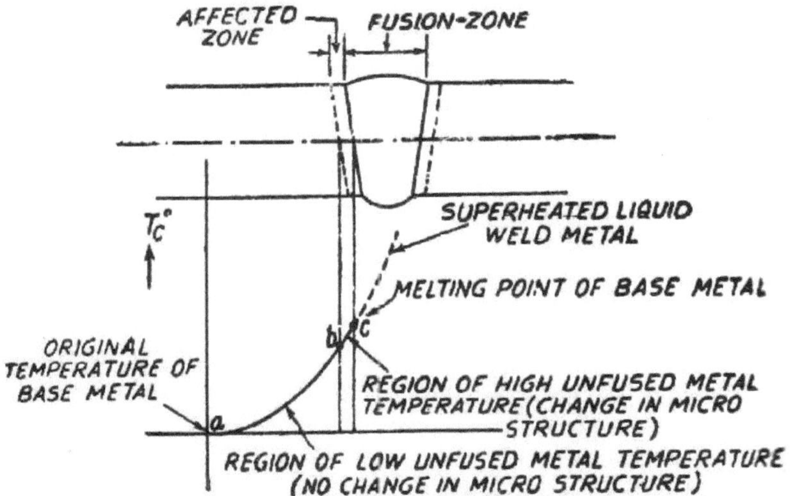

Fig. 3.1: Gráfico que mostra a alteração das condições térmicas

Independentemente do processo utilizado, é introduzido um ciclo térmico durante o aquecimento no processo de soldadura. Nele, o metal é aquecido numa gama de temperaturas (até

fusão) e seguido de arrefecimento até à temperatura ambiente. Por outras palavras, terá lugar um aquecimento diferencial, pelo que o metal afastado da soldadura será simplesmente aquecido, mas à medida que a área da soldadura se aproxima, obtêm-se temperaturas progressivamente mais elevadas, resultando numa mistura complexa correspondente de microestruturas, particularmente no aço. O aquecimento e o arrefecimento resultam em tensões internas e deformações plásticas na proximidade da soldadura. Também a temperaturas mais elevadas, são susceptíveis de ocorrer certas alterações químicas. Assim, qualquer que seja o processo, num ciclo térmico, as propriedades físicas, químicas e metalúrgicas são susceptíveis de se alterar.

Fig. 3.1   mostra o gradiente térmico durante um processo de soldadura. Dependendo do processo de soldadura utilizado e do metal que está a ser soldado, existem grandes variações na temperatura máxima do líquido e no declive da curva do gradiente de temperatura para um metal não fundido. A inclinação do gradiente térmico depende da forma como o calor está a ser fornecido por unidade de volume de metal por unidade de tempo e da condutividade térmica das peças de metal de base. A zona afetada pelo calor é mais larga na soldadura a gás do que na soldadura a arco, porque o calor é concentrado durante mais tempo na soldadura a gás.

Em regra, o fluxo de calor na zona de soldadura é altamente direcional para o metal frio adjacente, produzindo assim o que se designa por grãos colunares perpendiculares à linha de fusão. A estrutura colunar é uma caraterística do metal das soldaduras de passe único. Assim, a estrutura original constituída por ferrite e perlite nos aços é alterada para outra microestrutura. A composição dos primeiros cristais que se formam numa liga fundida pode ser bastante diferente da composição do líquido, mas à medida que a congelação prossegue, os cristais reajustam a sua composição à da liga líquida inicial, de modo a satisfazer a condição de equilíbrio.

O metal de solda, quando se encontra no estado fundido, tem uma boa capacidade de dissolver os gases que entram em contacto com ele, como o oxigénio, o azoto e o hidrogénio. À medida que o metal começa a arrefecer, a capacidade de dissolução de gases vai diminuindo, fazendo com que se desenvolva um volume adicional de gases no momento em que o metal se torna mole e, portanto, incapaz de permitir que os gases saiam livremente. O aprisionamento de gases provoca bolsas de gás e porosidade na soldadura final.

Fig. 3.2   mostra o mecanismo do processo de soldadura por fusão ou por estado líquido. O material à volta da junta é fundido em ambas as partes a serem unidas e, se necessário, é adicionado um material de enchimento. Podem ser observadas três zonas distintas, ***nomeadamente, a*** zona de fusão, a zona não fundida afetada pelo calor e o metal de base original não afetado. O calor para a soldadura por fusão é produzido a uma temperatura elevada e a uma taxa elevada numa zona isolada e bem definida.

Fig. 3.3   mostra a estrutura de uma secção de soldadura. Pode notar-se que os cristais colunares (longos e alongados) são formados perto das faces de fusão devido ao arrefecimento direcional da soldadura para o centro.

Uma vez que a parte interior da soldadura arrefece mais uniformemente, resulta numa estrutura cristalina alargada mas regular. A superfície da soldadura, em contacto com o ar, arrefece muito rapidamente e pode ser observada uma estrutura cristalina pequena e ligeiramente arrefecida. O metal de base na zona afetada pelo calor sofre um crescimento de grão.

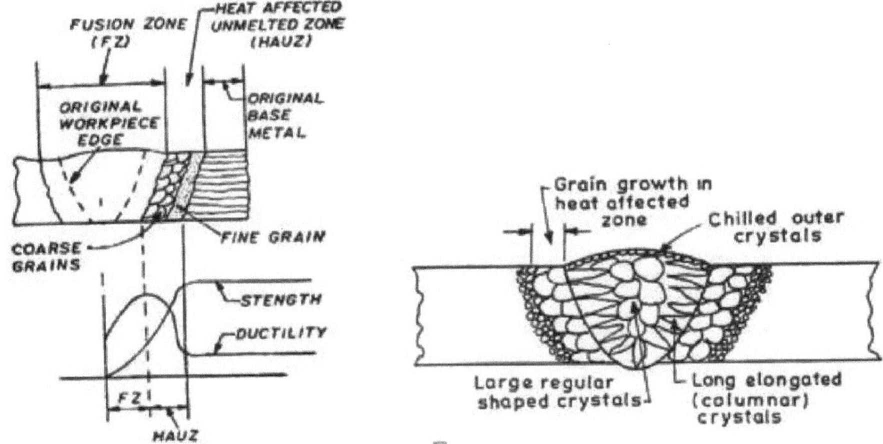

Fig. 3.2: Mecanismo de soldadura por fusão

Fig. 3.3: Estrutura do metal de solda

No caso de chapas espessas, serão necessários vários passes de soldadura e a estrutura da soldadura anterior será refinada pelo calor na soldadura subsequente. Para a soldadura de um só passe, é desejável um tratamento térmico pós-soldadura para refinar a estrutura do metal de soldadura.

A maioria dos metais comerciais ferrosos e não ferrosos pode ser soldada, desde que sejam utilizadas condições de soldadura adequadas. Os seguintes metais e não metais comuns são utilizados durante o aquecimento para melhorar a soldabilidade do metal, como o carbono, o manganês, o fósforo, o enxofre, o silício, o níquel, o cobre, o crómio, o molibdénio, o vanádio, o alumínio e o titânio. Os elementos acima mencionados exercem a sua influência sobre as microestruturas e as propriedades físicas da junta soldada:

  i.   Por reforço do férrico na solução sólida.

  ii. Por formação de carbonetos.

  iii. Por formação de compostos intermetálicos.

  iv. Por oxidação e desoxidação na soldadura.

v.   Aumentando ou diminuindo a temperabilidade da zona afetada pelo calor.

vi.   Controlando o tamanho do grão.

vii. Aumentando e diminuindo a temperatura de transição (ou seja, a temperatura à qual o material deixa de apresentar propriedades dúcteis e torna-se frágil).
Um deles ou todos eles desempenham um papel vital na alteração da composição química do metal e no efeito térmico durante a operação de soldadura.

3.1 Zona afetada pelo calor (HAZ)

A parte do metal de base que não foi fundida durante a brasagem, corte ou soldadura, mas cuja microestrutura e propriedades mecânicas foram alteradas pelo calor, é designada por Zona Termicamente Afetada (ZTA). O metal de base não derrete, mas é aquecido a altas temperaturas durante um período de tempo suficiente, resultando num crescimento de grão que altera as suas propriedades mecânicas e microestrutura. A zona afetada pelo calor consiste numa série de estruturas graduadas e contém uma variedade de microestruturas. Nos aços de carbono planos, estas estruturas podem variar desde a martensite dura até à perlite grosseira. Isto faz com que a ZTA seja a área mais fraca da soldadura. A maioria das falhas de soldadura ocorre nesta região.

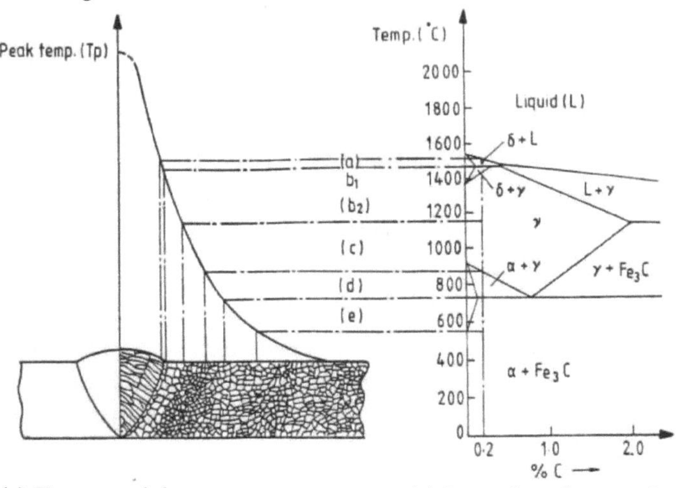

(a) Zona parcialmente fundida

(bi) Zona sob o talão
(bi) Zona de crescimento dos grãos

(c) Zona de refinação de grãos (A3 - 1150°C)
(d) Zona parcialmente transformada (Ai-A3)

(e) Zona de carbonetos brilhantes (550 - Ai)°C

Fig. 3.4: Subdivisões da ZTA para soldaduras de aço de baixo carbono e as suas

correspondentes gamas de temperatura num diagrama de equilíbrio ferro-carbono.

Dependendo da temperatura máxima atingida, a ZTA nos aços pode ser subdividida nas seguintes zonas.

Começando pelo lado do metal de soldadura:

(i) . A zona de grânulos, ou seja, a parte da ZTA que é aquecida para além da temperatura crítica de crescimento do grão e que se estende até à zona limite de fusão,

(ii) . Zona de crescimento do grão, para além de 1150°C até à temperatura peritectica.

(iii) . Zona de refinação de grãos, 950 a 1150°C, ou seja, para além de A3 até à gama de temperaturas de refinação de grãos,

(iv) . Zona parcialmente transformada, 750 a 950°C, ou seja, entre a temperatura Ai e A3.

(v) . Zona de carbonetos esferodizados, 550 a 750°C, ou seja, abaixo de Ai,

(vi) . Zona de material de base inalterado, até 550°C.

A figura 3.4 mostra-o esquematicamente.

A microestrutura final de uma secção de uma ZTA depende de vários factores, incluindo a composição, o tamanho do grão, a temperatura máxima atingida, as taxas de aquecimento e arrefecimento, etc. Embora se diga frequentemente que a ZTA de uma soldadura é a sua parte tratada termicamente, existe uma diferença considerável entre a soldadura e o tratamento térmico, por exemplo, dos aços.

Perto do limite de fusão de uma soldadura, onde surgem frequentemente dificuldades como o engrossamento do grão e a fissuração sob o cordão, a temperatura máxima pode atingir 1400°C ou mesmo mais. No tratamento térmico de aços, por outro lado, a temperatura máxima envolvida é normalmente de cerca de 950-1050°C.

A taxa de aquecimento é muito elevada e o tempo de retenção a alta temperatura é normalmente muito curto na maioria dos processos de soldadura por fusão, exceto ESW, enquanto a taxa de aquecimento é muito mais lenta e o tempo de retenção a alta temperatura é muito mais longo no tratamento térmico do aço. A elevada taxa de aquecimento, juntamente com o curto tempo de retenção a alta temperatura, pode também resultar na formação de austenite não homogénea durante a soldadura. Esta austenite não homogénea, após o arrefecimento rápido subsequente, pode causar a formação de colónias localizadas de martensite com elevado teor de carbono. Consequentemente, a microdureza da ZTA tende a dispersar-se por uma vasta gama.

3.2 Resistência da ZTA

Geralmente, as propriedades de resistência de uma ZTA não apresentam problemas sérios; o mesmo não se pode dizer, no entanto, das propriedades de tenacidade. Isto deve-se à possível degeneração da plasticidade na ZTA devido às seguintes razões:

Envelhecimento que pode resultar numa diminuição da tenacidade na zona abaixo da temperatura Ai. O declínio mais visível da tenacidade ocorre na zona abaixo do grânulo, particularmente devido ao engrossamento do grão. Uma vez que este declínio no valor da tenacidade está também relacionado com a formação de uma microestrutura desfavorável na zona, é frequentemente designado como fragilização por transformação. No entanto, como os valores de tenacidade são afectados não só pela sua composição química, microestrutura e tamanho de grão, mas também por vários outros factores, a previsão da tenacidade de uma zona sob o cordão é bastante difícil.

3.3 Transformação de fase na zona afetada pelo calor (HAZ) e no metal de solda

A transformação de fase que ocorre durante o processo de soldadura é de grande importância na determinação das propriedades metalúrgicas e mecânicas tanto do metal de solda como da zona afetada pelo calor (ZTA) numa junta soldada.

A transformação nos metais de soldadura é regida pelo ciclo de arrefecimento, bem como pela história térmica subsequente dos passes seguintes. No entanto, a ZTA experimenta uma taxa de arrefecimento mais rápida do que a taxa crítica a partir de uma temperatura acima de Ai resultará na formação de martensite dura e quebradiça que é acompanhada pela geração de tensões. As tensões podem ainda ser acumuladas por alterações retardadas (y-a) numa zona adjacente (as alterações de volume y-a na expansão da rede) como resultado do gradiente de temperatura. Quanto mais baixa for a temperatura de transformação, maior será o efeito da alteração de volume na estrutura mais rígida da rede durante as alterações. Assim, maior é a tendência para fissurar. Por conseguinte, quanto maior for a dureza do aço, maior será a alteração da fração de martensite, mesmo com uma taxa de arrefecimento normal, principalmente na zona da ZTA. Uma variação na taxa de arrefecimento é suscetível de causar efeitos indesejáveis na soldadura.

Durante as transformações de fase da rede F.C.C. para a rede BCC, a energia livre é reduzida. A diferença de entalpia libertada como calor AH, resulta numa taxa de arrefecimento mais lenta através da mudança de transformação. Uma variação na atmosfera e na velocidade do vento, etc., pode influenciar a taxa de arrefecimento e, por conseguinte, afetar a estrutura do material sensível. A taxa de arrefecimento pode também variar durante o início e o fim de um ciclo de soldadura, devido às diferentes condições do fluxo de calor inicial e final. Uma taxa de arrefecimento mais lenta provoca o alargamento da ZTA, ou seja, um maior volume de metal afetado devido ao calor.

No caso de soldaduras de aço com baixo teor de carbono, a sua cristalização é realizada num intervalo de temperatura relativamente estreito, a uma taxa que depende do método de soldadura e da aplicação de energia linear dos arcos. As soldaduras, ao contrário das austeníticas e das puramente ferríticas, não retêm a sua estrutura inicial, mas sofrem uma transformação alotrópica.

A solidificação dos metais é normalmente considerada pelo processo de nucleação e crescimento, ou seja, a transformação da fase líquida em sólida, ocorre normalmente por um processo de nucleação e crescimento.

Nucleação:

Os fenómenos de nucleação são classificados como homogéneos ou heterogéneos, dependendo do facto de os eventos de nucleação ocorrerem sem ou sob a influência de impurezas, inoculantes ou superfícies externas. A nucleação envolve a criação de partículas de tamanho crítico (i.e., núcleos) da nova fase (i.e., sólida) e é normalmente necessário um super arrefecimento considerável antes de se formarem os primeiros núcleos sólidos a partir dos quais o crescimento pode prosseguir.

Crescimento:

Após a nucleação ou na presença de uma interface sólido/líquido pré-existente, o crescimento ocorre pela adição de átomos ao sólido.

3.4 Tratamento de pré-aquecimento

A soldadura bem sucedida de materiais de elevada condutividade térmica e/ou de secções espessas em qualquer material ou a soldadura de aços endurecíveis requer uma taxa de arrefecimento controlada porque, quando aquecidos a uma temperatura elevada durante a soldadura e arrefecidos rapidamente a seguir, endurecem. A soldadura nestas condições sem o devido controlo da taxa de arrefecimento pode produzir fragilização na ZTA (zona afetada pelo calor) paralela à junta de soldadura. Com um pré-aquecimento adequado, a taxa de arrefecimento é reduzida e, consequentemente, o metal dentro e à volta do cordão de soldadura não endurece. A temperatura de pré-aquecimento para a soldadura por arco é a temperatura a que a peça de trabalho deve ser mantida e abaixo da qual não deve descer até que a soldadura esteja concluída.

Se o aço for soldado sem pré-aquecimento, a queda total de temperatura será de cerca de 1540°C para cerca de 30°C (temperatura ambiente), ou seja, cerca de 1500°C. No caso de ser pré-aquecido, digamos a 300°C, a queda será reduzida para cerca de 1200°C. Isto resulta numa taxa de arrefecimento reduzida, particularmente nas temperaturas intermédias importantes de 800 a 500°C. Nas soldaduras de várias passagens, o cordão seguinte pode ser depositado no metal que foi pré-aquecido (pelos cordões anteriores). Quanto mais rapidamente os cordões são depositados uns sobre os outros, mais elevada é a temperatura de pré-aquecimento ou de interpasse.

Se a soldadura tiver de ser efectuada a baixas temperaturas ambientes (digamos a < 40°C), as taxas de arrefecimento serão invulgarmente elevadas, particularmente nas gamas perigosas abaixo de 800°. Ora, é bem conhecido que o arrefecimento rápido na gama de 315 a 200°C pode causar fissuras nas soldaduras em alguns aços de elevada resistência. A soldadura destes aços a temperaturas anormalmente baixas é arriscada, mas este risco pode ser evitado através do pré-aquecimento do aço acima da gama perigosa.

A taxa de arrefecimento da soldadura depende de factores geométricos e tecnológicos como o processo de soldadura, a corrente, a restrição da junta e a espessura do componente. Consequentemente, é muito difícil, se não impossível, definir antecipadamente e com exatidão a temperatura de pré-aquecimento. Apesar destas limitações, a gama habitual de temperaturas de pré-aquecimento pode ser utilizada para obter soldaduras sem defeitos.

CAPÍTULO 4

PROGRAMA EXPERIMENTAL

Com o objetivo de estudar o comportamento da zona afetada pelo calor em diferentes condições de soldadura em amostras de aço macio por arco de gás metálico, as soldaduras foram fabricadas com diferentes correntes, tensões, número de passes e espessuras de placas de aço macio. Os programas experimentais podem ser divididos em duas fases.

Fase 1:- Estimativa das melhores condições de soldadura, como a combinação correta de tensão e corrente.

Fase 2: - Em segundo lugar, realizar a soldadura e estudar o comportamento da zona afetada pelo calor sob diferentes condições de soldadura.

Assim, o trabalho e as experiências foram planeados de acordo com o seguinte programa:

a. Seleção do material de trabalho e do elétrodo.

b. Preparação de peças de trabalho para juntas soldadas.

c. Fabrico de instalações para soldar as peças de trabalho a diferentes correntes e tensões, d. Soldadura de espécimes com diferentes números de passagens e espessuras

e. Fabrico de provetes para ensaios de impacto, tração e dureza.

f. Preparação de provetes para estudo microestrutural, g. Ensaio mecânico dos provetes.

4.1 Seleção do material de trabalho e do elétrodo

A soldadura com gás inerte metálico é a soldadura mais versátil e normalmente utilizada para fazer soldaduras longas e contínuas, uma vez que pode ser facilmente auto-misturada. A soldadura por arco metálico foi utilizada para a experimentação. Além disso, o aço macio é o material mais utilizado para a soldadura, que está facilmente disponível, é barato e tem boa soldabilidade e propriedades mecânicas. Assim, para a experimentação, foram utilizadas as chapas de aço macio mais comuns e disponíveis como material da peça de trabalho. A composição química do material utilizado é apresentada na Tabela n.º 1.

Quadro n.º 1 Composição química dos materiais (% em peso)

Material	Fe%	C%	Si%	Mn%	P%	S%	Cr%	Al%	Cu%
Mild Steel	99.2	0.134	0.074	0.404	0.056	0.022	0.16	0.002	0.009

Para a soldadura de peças de aço macio, foi selecionado um elétrodo de aço macio revestido a cobre (MIG) com especificações **IS 6419, (AWS A/SFA 5.18)** fabricado pela Ador welding limited, com um diâmetro de 1,2 mm. Proporciona um arco estável e um mínimo de salpicos em condições de soldadura óptimas. Normalmente recomendado com proteção de CO_2 e pode também ser utilizado com misturas de Ar-CO2. O teor mais elevado de desoxidantes torna este fio adequado para aplicações em que exista sujidade, ferrugem ou incrustações de moinho. Tem amplas aplicações na indústria automóvel, equipamento de construção e de exploração mineira, vagões e carruagens ferroviárias, etc. Também é adequado para soldar tubos, recipientes sob pressão, cilindros de GPL, edifícios pré-concebidos e componentes de aço estrutural. A principal consideração é que deve produzir um perfil de soldadura de boa qualidade. É um elétrodo de todas as posições destinado à soldadura MIG. A composição do fio é C-0.07-0.14, S-0.025max, Mn-1.40-1.60, 0-0.025max, Si-0.80-1.0, Cu-0.5max (% por peso), as propriedades mecânicas de todos os soldados com100%CO2 são UTS-500-550MP e YS-420-480MPa também deixa o metal livre de escória e inclusões de óxido e produz soldas sólidas.

4.2 Preparação de espécimes

No presente trabalho, foi selecionado aço macio para o processo de soldadura. Os planos de aço macio de 5 mm, 8 mm e 16 mm de espessura foram cortados em peças com dimensões de 80 mm x 65 mm. Antes da soldadura, as superfícies de todas as amostras foram limpas mecanicamente utilizando uma máquina modeladora hidráulica. Nesta análise, foram retiradas diferentes peças de trabalho de diferentes espessuras, ou seja, 5 mm, 8 mm e 15 mm, e acabadas nas dimensões requeridas, especialmente a espessura. Os espécimes foram maquinados com uma aresta em V simples de 45 graus na máquina de moldagem para espécimes de 5 mm e 8 mm e uma aresta em V dupla para espécimes de 15 mm. O ângulo c é de 45°, o espaço da raiz A é de 1-1,5 mm e o terreno B é de 1,5-2 mm, depois foi efectuada a retificação para obter os espécimes como se mostra na Fig: (4.1).

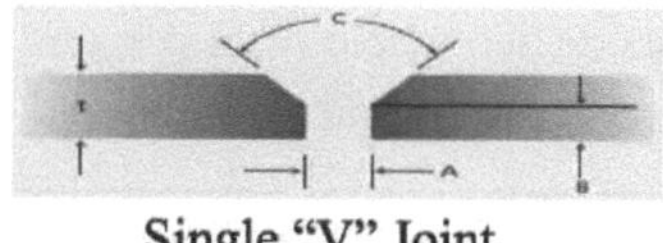

Fig. 4.1: Preparação das arestas

4.3 Fabrico de instalações para soldar as peças de trabalho a diferentes correntes e tensões

Em primeiro lugar, foram utilizadas peças de trabalho de 5 mm de espessura para soldar a diferentes correntes e tensões. Após a preparação das peças de trabalho de diferentes espessuras, a soldadura foi efectuada utilizando uma fonte de energia de corrente alterna. Para este efeito, foi utilizada a máquina de soldar GMAW da empresa Ador welding, modelo n.ᶜ Ranger 400E/F, com uma gama de 0 a 100V e uma capacidade de 0 a 400Amp, como se mostra na Fig.4.1.

Fig.4.2: Máquina de soldadura MIG/MAG

A peça de trabalho foi ligada ao cátodo (terminal negativo) e o elétrodo consumível actuou como ânodo (elétrodo positivo). Foi também calculada uma medição da velocidade do fio de enchimento. O fio de enchimento foi deixado a correr sem atingir o arco, ou seja, longe da peça de trabalho. O comprimento do fio foi calculado após 5 segundos de funcionamento com um cronómetro e depois convertido em termos de mm/seg., que foi de 22,2 mm/seg. Nas oficinas de soldadura, primeiro estas amostras são fixadas com precisão para evitar deformações e distorções.

Foram utilizadas duas pinças C. O fio de enchimento de aço macio revestido a cobre (MS CC) de diâmetro 1,2 mm e CO2 como gás de proteção a uma pressão de 10 L/min foi utilizado para a soldadura. A velocidade de soldadura de 1 a 2 mm/seg foi utilizada para a soldadura à temperatura ambiente. Agora os espécimes foram soldados cuidadosamente a uma tensão variável de 20Volts, 22Volts e 24Volts com uma corrente de 130Amp. Observando o espécime seccionado, verificamos um aumento da penetração devido ao aumento da tensão, pelo que a soldadura posterior foi efectuada a 24 Volts e a uma corrente de 120 Amp, 130 Amp e 150 Amp, mantendo constante o outro perímetro.

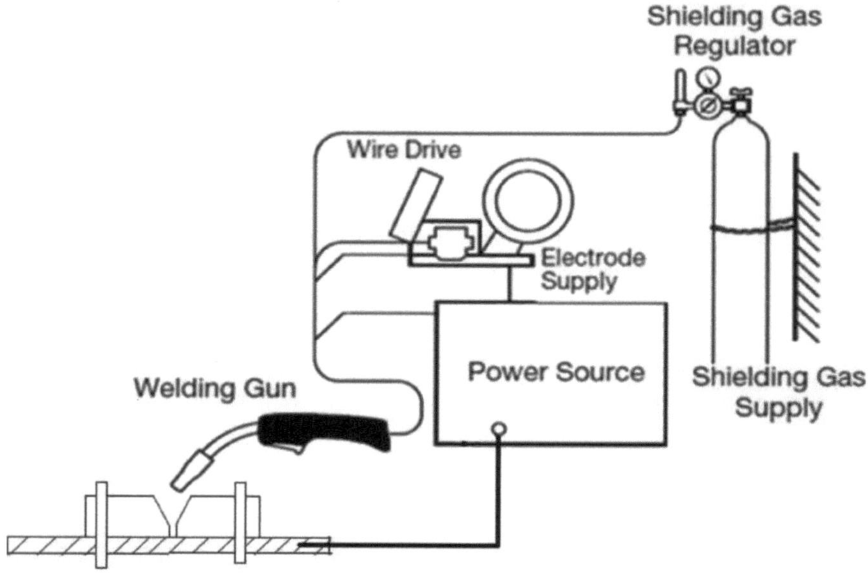

Fig.4.3 Soldadura de espécimes com diferentes números de passagens e espessuras

A soldadura foi efectuada sob diferentes condições de soldadura em três fases, como se segue

1) Soldadura com um número variável de passagens.
2) Soldadura para espessuras variáveis.

Soldadura **com número variável de passes:-** A soldadura com número diferente de passes foi realizada com especificações de corrente de 130 Amp e tensão de 24V porque os resultados da variação de corrente deram o melhor cordão de soldadura e penetração profunda na especificação. Foi utilizado para a soldadura um único passe para a amostra plana de 5 mm, 1 a 3 passes para a amostra de 8 mm e 4 e 6 passes para a amostra de 16 mm.

Soldadura com diferentes espessuras: - Finalmente, os espécimes foram soldados com diferentes espessuras.

4.4 Fabrico de provetes para ensaios de impacto, tração e dureza

Durante a preparação dos espécimes com o shaper e a rebarbadora, aparecem marcas de ferramentas na superfície dos espécimes. Para o trabalho experimental, é muito necessário que a superfície do espécime soldado esteja limpa e lisa. Para tornar a superfície livre de marcas de ferramentas, óleo, etc., foram utilizadas lixas de superfície e lixas de esmeril de tamanhos mais finos para o polimento fino. Finalmente, os espécimes são preparados para os programas experimentais posteriores.

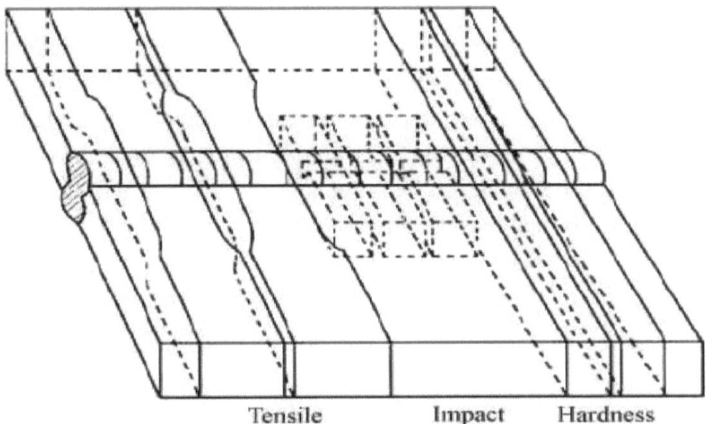

Fig. 4.4 Local de extração dos espécimes

4.4.1 Fabrico de provetes de tração

Foram preparados espécimes de tração de dois tipos. No início, os espécimes para o ensaio de tração de dimensão padrão (como se mostra na Fig. 4.5) foram preparados cortando o material da zona afetada pelo calor. Após o corte, o material extra foi removido numa máquina de torno e, em seguida, foi efectuado um enchimento com acabamento fino para o tamanho necessário e para uma melhor aderência na oficina de montagem.

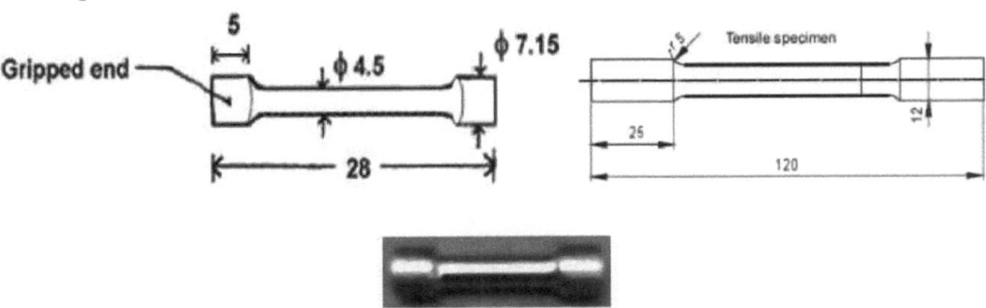

Fig. 4.5 Espécime para ensaio de tração (todas as dimensões em mm)

Em segundo lugar, os espécimes foram cortados em secções como se mostra na figura 4.5. Os materiais das porções mais exteriores de 10 mm de largura foram removidos, uma vez que existe uma maior possibilidade de defeitos devido ao enchimento de crateras e também é possível a existência de orifícios, pelo que é melhor

29

remover a porção. Os espécimes foram preparados na fresadora, na ripa central e na rebarbadora para obter a forma, mantendo a soldadura no centro da secção.

1.1.2 Fabrico de provetes de ensaio de dureza:

A Fig. 4.6 mostra o diagrama dos espécimes soldados e, após a soldadura, foram preparados espécimes de teste (de dimensão 10 mm x 25 mm) cortando o espécime soldado do centro da soldadura para a zona afetada pelo calor com uma serra de fita e os espécimes foram desbastados numa máquina de esmeril até a superfície ficar plana e sem cortes, rebarbas e riscos. Após o desbaste, o polimento da superfície foi efectuado em papéis de esmeril de tamanhos mais finos de 80,240,300,800 e 1200 foram utilizados para o polimento fino, respetivamente.

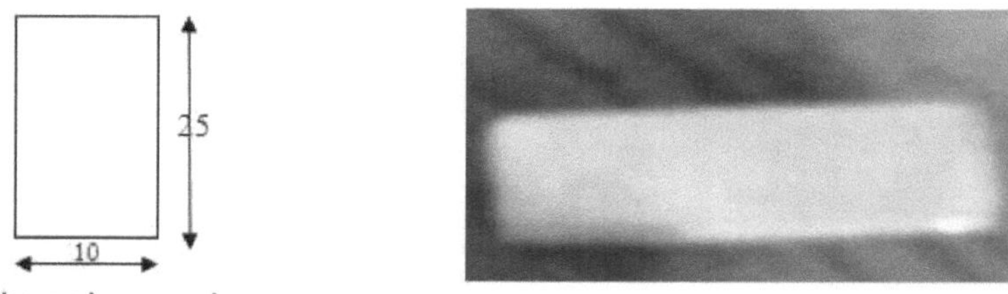

Fig. 4.6 Provete para o ensaio de dureza

1.1.3 Fabrico de espécimes de ensaio de impacto Charpy:

Para fabricar os espécimes de ensaio de impacto Charpy (Fig. 4.7), as peças de trabalho soldadas foram cortadas nas dimensões exigidas, conforme prescrito na IS: 1757 - 1961, com a ajuda de uma serra de fita e a maquinação foi efectuada na máquina de moldar e na máquina de moer[31].

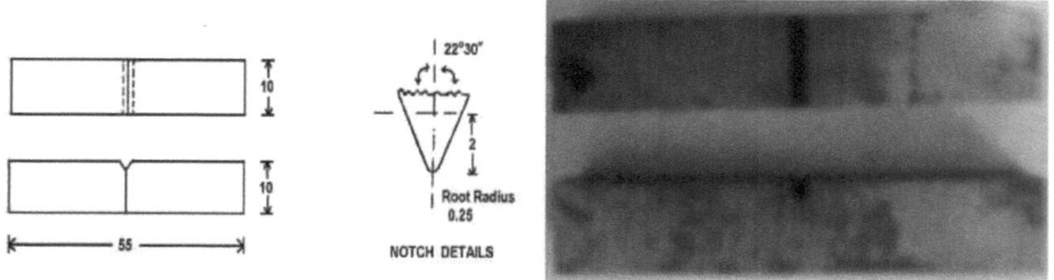

Todas as dimensões em mm
Fig. 4.7 Provete de ensaio de impacto Charpy

4.5 Preparação de espécimes para exame microestrutural:

4.5.2 Exame

As amostras para os espécimes da microestrutura foram cortadas manualmente com a ajuda de uma serra de fita com um tamanho aproximado de 10 mm x 25 mm.

4.5.3 Retificação em bruto

Todos os espécimes foram desbastados na rebarbadora (lixadeira de cinta), sendo os espécimes mantidos frios através de gotas de água frequentes durante a operação de desbaste. Os espécimes foram movidos perpendicularmente aos riscos existentes. O processo de lixagem continuou até a superfície ficar plana e sem cortes, rebarbas, etc. A lixadora de cinta pode ser vista abaixo na fig4.5.1

4.5.4 Montagem

Foram montadas pequenas amostras para facilitar o polimento intermédio e final. Foi utilizado pó de moldagem de baquelite para a montagem.

Fig.4.8. Rectificadora de cintas

4.5.5 Polimento intermédio

Todos os espécimes foram polidos com uma série de papéis de esmeril contendo abrasivos sucessivamente mais finos de números 240, 320, 400, 800 e 1200. Foi tido em consideração que o polimento foi feito numa direção para obter resultados rápidos e melhores.

Fig4.9 Papel de esmeril

4.5.5 Polimento fino

A superfície final plana e sem riscos foi obtida utilizando uma roda rotativa húmida coberta com um pano especial carregado com partículas abrasivas de óxido de alumínio. Depois de um polimento fino, a superfície ficou brilhante e sem riscos, sendo inspeccionada no microscópio para detetar riscos. Quando as superfícies ficam livres de riscos, passamos à gravação.

Fig4.10 Roda rotativa húmida

4.5.6 Gravura

O objetivo da gravação é tornar visíveis as caraterísticas microestruturais do metal ou da liga, tais como o tamanho do grão, a segregação e a forma, tamanho e distribuição das fases. Os espécimes foram gravados com uma solução de nital a 2% durante cerca de 10 segundos, que foi posteriormente lavada com uma solução de metanol. Esta solução contém ácido nítrico branco (1-5 ml) e álcoois etílico ou metílico (95%) ou absoluto 100 ml.

4.5.7 Preparação para fotografias da microestrutura

A configuração para tirar fotografias da microestrutura contém 2 unidades. Um microscópio ótico e um computador ligado a ele. A microestrutura pode ser vista pelo microscópio ótico no ecrã do dispositivo de visualização do computador. Esta montagem e os espécimes em lâmina são mostrados na fig.4.11

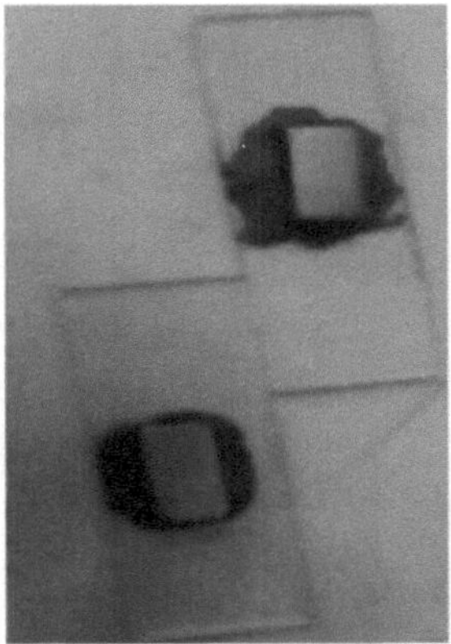

Fig 4.11 **Preparação para fotografias da microestrutura**

4.5.8 Exame microestrutural

O exame microestrutural foi efectuado no microscópio metalúrgico Leitz. A fotografia de diferentes zonas da amostra soldada foi tirada para estudo. Os tamanhos ou diâmetros dos grãos também podem ser determinados. O exame microestrutural pode ser efectuado num microscópio metalúrgico Leitz. Foi tirada uma fotografia microestrutural da zona afetada pelo calor com 100 ampliações.

As diferentes zonas da amostra soldada de aço macio podem ser vistas na **figura 4.12** abaixo.

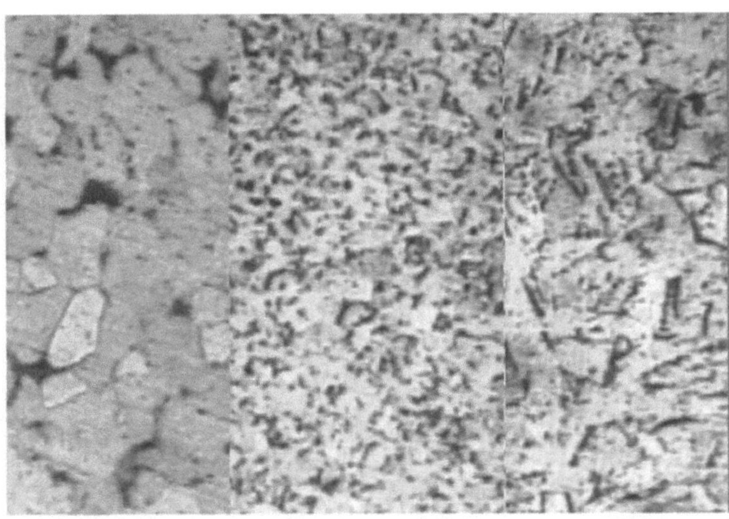

Fig.4.12 Diferentes zonas do provete soldado de aço macio

O método de interceção linear pode ser utilizado para a determinação do tamanho do grão a partir de fotografias microestruturais. O parâmetro de comprimento é o comprimento médio da interceção.

$$L = \frac{L_T}{P \times M}$$

Onde

L = Tamanho do grão em mm

L_T= Comprimento total da linha de ensaio em mm

P = O número de limites de grão que intersectam a linha de ensaio

M = Fator de ampliação

No estudo microestrutural, o comprimento da linha de teste pode ser de 50 mm. A linha de comprimento é desenhada numa folha transparente que foi mantida sobre a micrografia e o número de limites de grão que intersectam a linha de teste foi contado. O processo foi repetido dez vezes em direcções diferentes na mesma micrografia para obter uma imagem exacta do tamanho do grão. A média de todos os valores foi considerada como tamanho de grão.

4.6 Ensaios mecânicos dos provetes

Ensaio de dureza:-A medição dos valores de dureza nos espécimes soldados foi feita pela máquina de ensaio de dureza Vickers da Leco Company, utilizando o espécime preparado para a dureza. A dureza é a capacidade de um metal de resistir à penetração, ao desgaste abrasivo ou à absorção de energia sob carga de impacto, pelo que pode ser considerada como dureza de penetração, dureza de desgaste e dureza de ricochete. A medição da dureza pode fornecer informações sobre as alterações metalúrgicas causadas pela soldadura. Nos aços de construção, o arrefecimento rápido das temperaturas da ZTA pode causar a formação de martensite de dureza muito superior à do metal de base. A dureza também tem sido relacionada com as propriedades de serviço da soldadura e, em alguns casos, foi especificada a dureza máxima da soldadura ou da ZTA.

Os ensaios Vickers e knoop produzem indentações relativamente pequenas e são, por isso, adequados para a medição da dureza das várias regiões da ZTA em trajectos de escala fina. No ensaio de dureza Vickers, uma carga conhecida (P) de 1 a 120 kg, dependendo do material a ensaiar, é aplicada durante um tempo especificado à superfície do material através de um indentador de diamante de base quadrada ou pirâmide com 136° entre faces opostas. As duas diagonais da indentação quadrada resultante na peça de ensaio são medidas com um microscópio micrométrico e a média D mm é utilizada para o cálculo da dureza. O número de dureza Vickers é calculado de acordo com a equação seguinte:

$$VHN = \frac{1.854P}{D^2}$$

Para o ensaio de dureza, o espécime preparado foi colocado na mesa ajustável da máquina de ensaio de dureza Vieker **(Fig.4.13)**. A carga a aplicar foi previamente selecionada. Para o aço macio, foi de 5 kg e foi dado um tempo de espera de 10 segundos para a experiência. A mesa foi ajustada de modo a que o indentador tocasse na superfície do provete. De seguida, a luz foi focada no ponto onde a dureza deve ser obtida. Em seguida, a carga foi aplicada durante um período de tempo muito curto, designado por tempo de permanência (aprox. 10 segundos). A carga foi retirada e o diâmetro da impressão foi medido com a ajuda da escala microscópica fornecida.

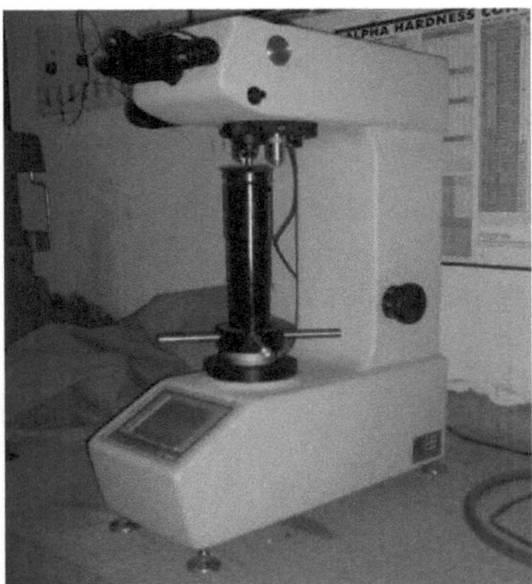

Fig.4.13 - Máquina de ensaio de dureza Vickers Fig. 4.14 Máquina de ensaio de impacto Charpy

Ensaio **de impacto Charpy**:-O ensaio de impacto Charpy (Fig.4.14) foi efectuado na máquina de impacto Charpy. O pêndulo foi levantado e o indicador de carga foi colocado na leitura inicial e os espécimes com entalhe em V foram colocados na plataforma e, em seguida, o pêndulo foi autorizado a soprar o espécime livremente. O ponteiro da escala anexa mostra a energia consumida pelo espécime durante o impacto. O valor do impacto de cada espécime foi registado.

Fig. 4.15 Máquina de ensaio universal Instron.

Os ensaios de tração foram realizados na máquina de ensaios universal Instron (Fig.4.15). Os espécimes devidamente preparados foram colocados nas pinças, um a um. Em seguida, a carga de tração foi aplicada gradualmente até à fratura do espécime e, com a ajuda da curva carga-alongamento e de outros pormenores, foi calculada a resistência à tração final dos espécimes.

CAPÍTULO 5

RESULTADOS E DISCUSSÃO

Este capítulo trata dos resultados e discussões das conclusões experimentais das juntas soldadas preparadas com diferentes tensões, corrente, número de passes e efeito da variação do espécime. Os espécimes foram preparados sob diferentes tensões, corrente, número de passes e diferentes espessuras de peças de trabalho com diferentes valores de resistência à tração, resistência ao impacto e dureza. Outras condições de soldadura responsáveis por uma boa soldadura, como o diâmetro do elétrodo, o gás de proteção, a pressão do gás e a velocidade do fio, são mantidas constantes.

5.1 Efeito da tensão na penetração

Os espécimes foram soldados a uma tensão variável de 20V, 22V e 24V mantendo outras condições constantes como corrente=130, velocidade do fio, pressão do gás de proteção e velocidade de soldadura, etc. Através de observações visuais, verificou-se que, com o aumento da tensão, também se registava um aumento da penetração, como se mostra nas figuras 5.1, 5.2 e 5.3.

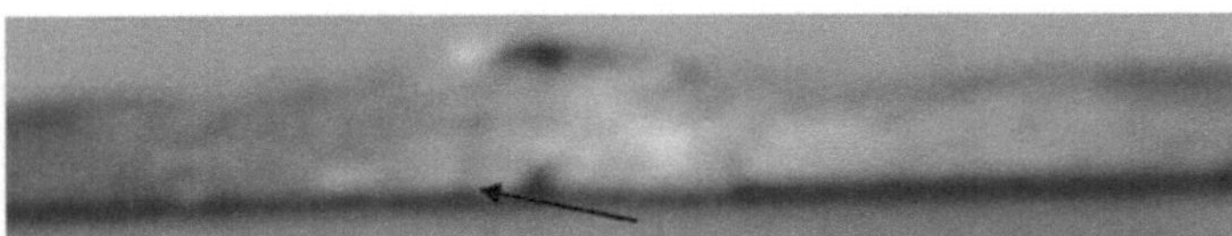

Fig: 5.1: Amostra soldada a 20Volts

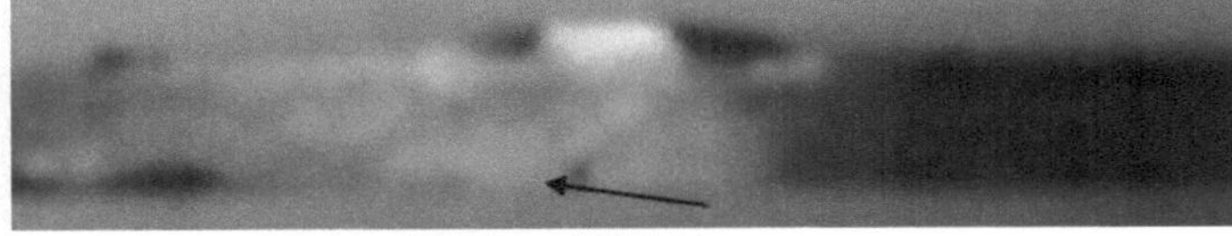

Fig: 5.2: Amostra soldada a 22Volts

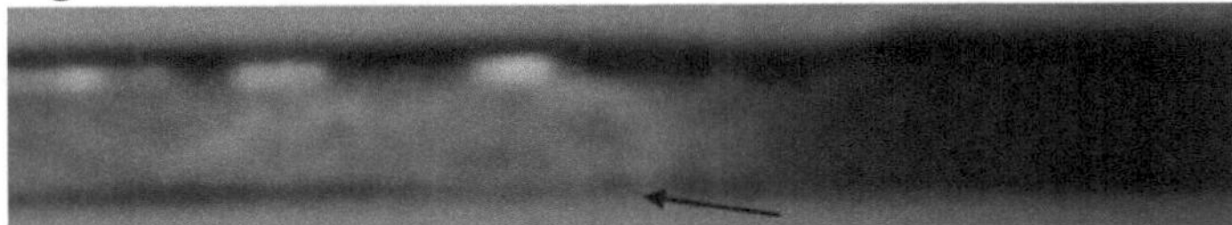

Fig: 5.3: Amostra soldada a 20Volts

A amostra soldada a 24 volts mostra uma penetração total para uma largura de face de 1,5 mm e dá os melhores resultados em termos de penetração.

Assim, observando os resultados acima, as condições para a soldadura de múltiplos passes utilizadas são 24V e 130Amp, com velocidade do fio do elétrodo de

22,2mm/seg e velocidade de soldadura de l a 2 mm/seg. Os espécimes foram ainda testados quanto à dureza.

5.2 Efeito da tensão na dureza

Como se pode ver no gráfico entre a distância do centro de soldadura e a dureza, há uma variação quase constante da dureza mas, subitamente, o metal de base próximo do metal de soldadura, ou seja, a ZTA, aumenta de dureza porque há um gradiente térmico entre o calor de soldadura e a temperatura atmosférica, devido a esta súbita arrefecimento pelo ar, há formação de uma estrutura martensítica na ZTA que provoca um aumento da dureza. Como se pode ver, há um aumento da dureza da ZTA com a diminuição da tensão.

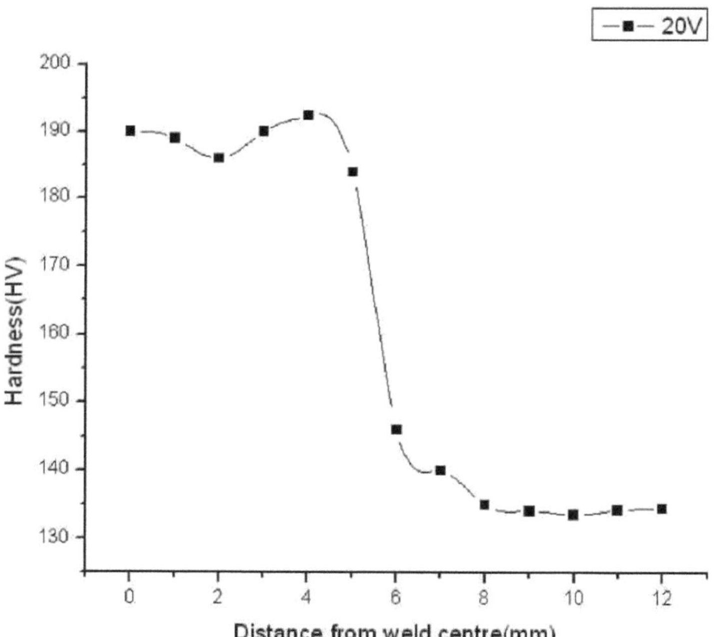

Fig.5.4: Efeito da variação da tensão com a dureza

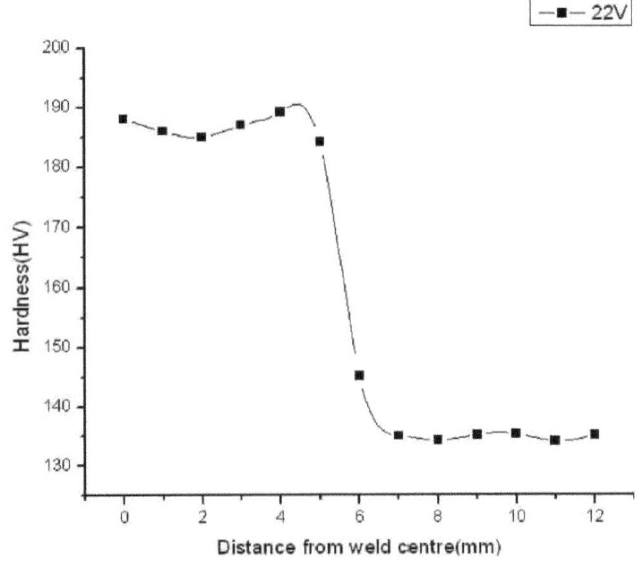

Fig.5.5: Efeito da variação da tensão com a dureza

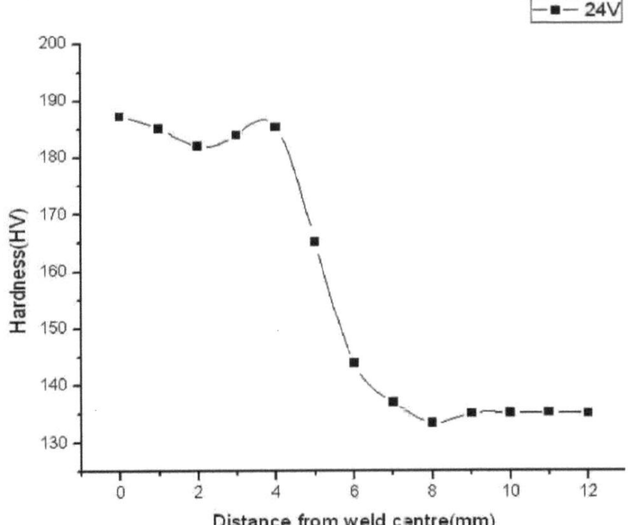

Fig.5.6: Efeito da variação da tensão com a dureza

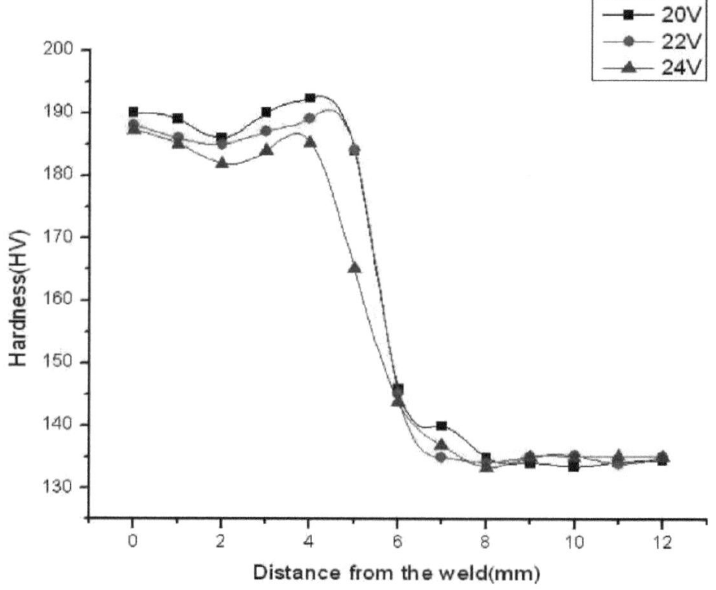

Fig.5.7: Efeito da variação da tensão com a dureza

Quadro n.º 2: Variação da dureza em função da tensão

Distance from weldbead center (mm)	Hardness (HV) Voltage=20	Hardness (HV) Voltage=22	Hardness (HV) Voltage=24
0	190	188.1	187.2
1	189	186	185.1
2	186	185	182
3	190	187	184
4	192.4	189.2	185.3
5	184	184.2	165.1
6	146	145.2	143.8
7	140	135	136.9
8	135	134.2	133.4
9	134.1	135.1	135
10	133.5	135.3	135.1
11	134.2	134	135.2
12	134.5	135.1	135

5.3 Efeito da corrente na dureza

Os espécimes foram soldados a correntes variáveis, mantendo outras condições constantes, como a tensão de 24 V, a velocidade do fio, a pressão do gás de proteção e a velocidade de soldadura, etc. Os espécimes soldados a correntes de 130Amp, 150Amp e 160Amp foram polidos com papel de esmeril de vários graus de 200,300,420,800,1200 em sequência e testados quanto à dureza.

Como se pode ver nos dados experimentais e no gráfico, com o aumento da corrente de soldadura há também um aumento da dureza da zona afetada pelo calor. Como vimos, a microestrutura do espécime de aço macio em diferentes posições, desde o centro do cordão de soldadura até à ZTA e ao metal de base. O aumento da dureza da ZTA com o aumento da corrente também é satisfeito pelas suas microestruturas, como se mostra abaixo. Como sabemos, quanto menor for o tamanho dos grãos, maior será a dureza. Assim, a dureza da ZTA aumenta com o aumento da corrente.

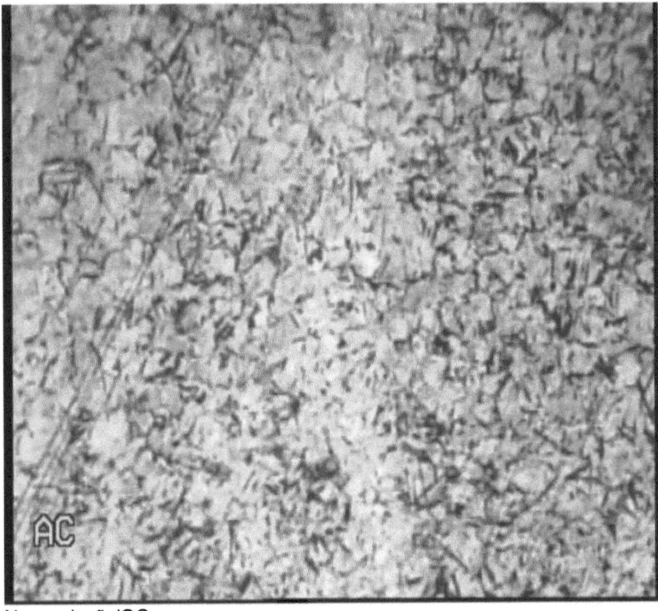

Na resoluçãol00

Fig.5.8: Microestrutura da ZTA para corrente 130Amp

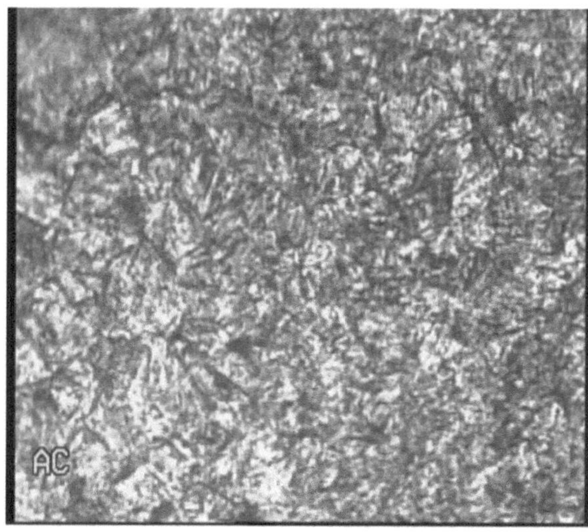

Na resolução100

Fig.5.9: Microestrutura da ZTA para corrente 150Amp

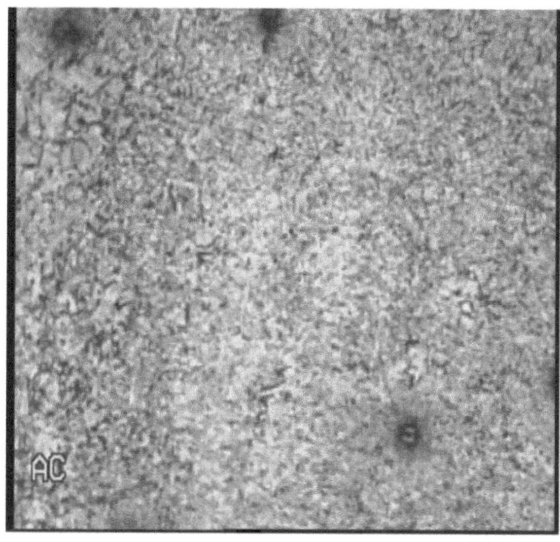

Na resolução100

Fig.5.10: Microestrutura da ZTA para corrente de 160Amp

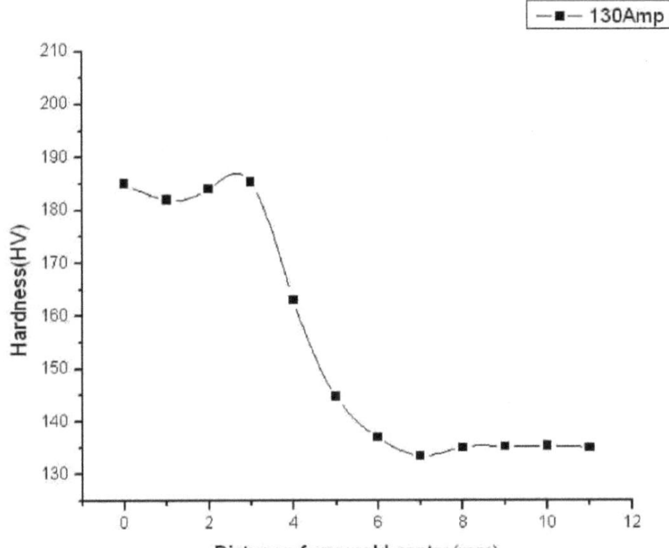

Fig.5.11: Efeito da corrente de 130Amp na dureza

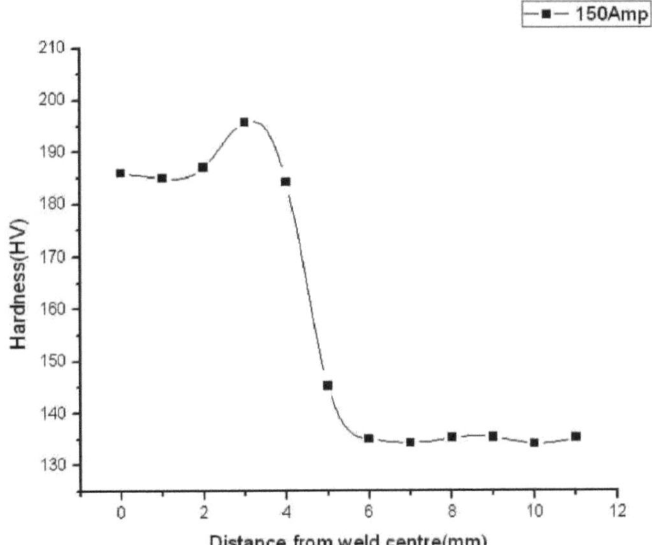

Fig.5.12: Efeito da corrente 150Amp na dureza

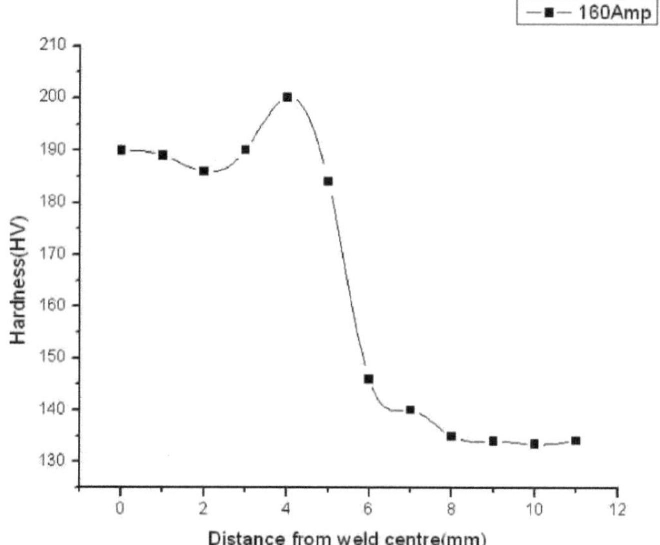

Fig.5.13: Efeito da corrente de 160Amp na dureza

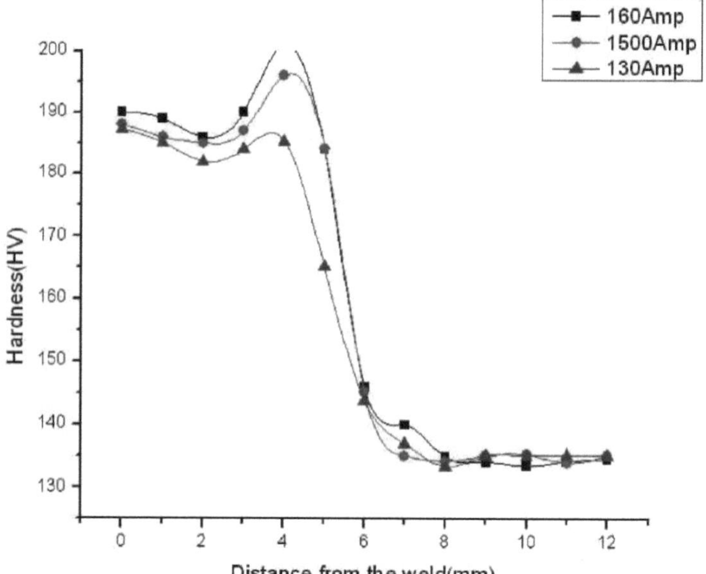

Fig.5.14: Efeito da corrente na dureza

Tabela nº 3: Efeito da variação da corrente na dureza do provete de 5 mm

Distance from weldbead center (mm)	Hardness (HV) Current 130Amp	Hardness (HV) Current 150Amp	Hardness (HV) Current 160Amp
0	190	188.1	187.2
1	189	186	185.1
2	186	185	182
3	190.1	187	184
4	200.1	195.7	185.3
5	184	184.2	163
6	146	145.2	144.8
7	140	135	136.9
8	135	134.2	133.4
9	134.1	135.1	135
10	133.5	135.3	135.1
11	134.2	134	135.2
12	134.5	135.1	135

5.4 Efeito da variação da corrente na resistência à tração final

O efeito da variação da resistência à tração final com o cordão de soldadura no centro é o seguinte

Verifica-se que há um aumento da dureza da zona afetada pelo calor. Os resultados obtidos mostram que também há um aumento da resistência à tração final com o aumento da corrente. Este facto também pode ser observado no gráfico.

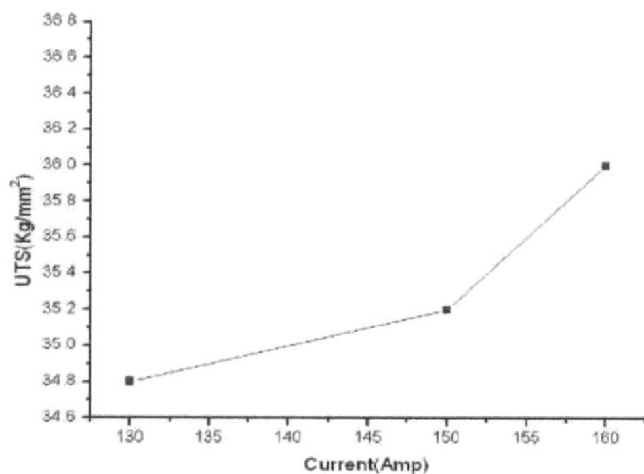

Fig.5.15: Efeito da variação da corrente na resistência à tração final

Quadro n.º 4: Efeito da variação da corrente na resistência à tração final

Current (Amp)	Cross sectional area of specimen(mm²)	Ultimate load	UTS (Kg/ mm²)
130	25	870	34.8
150	25	880	35.2
160	25	900	36.0

5.5 Efeito da variação do número de passagens na dureza

Como não seria económico soldar chapas finas em vários passes, bem como difícil de soldar, não é benéfico que as chapas finas até 6 mm de espessura sejam soldadas em vários passes, pelo que se utilizou um espécime de 8 mm e 15 mm de espessura para experiências de vários passes. Os espécimes de 8mm foram soldados por um, dois e três passes mantendo outras condições de restrição. A partir do gráfico, podemos dizer que há uma diminuição da dureza da ZTA com o aumento do número de passes. Isto também se deve ao facto de o passe anterior ter pré-aquecido o material de trabalho, pelo que o gradiente de temperatura entre o trabalho e a temperatura ambiente é reduzido. Em última análise, verifica-se a formação de uma estrutura martensítica em menor quantidade, causando a diminuição da dureza da ZTA com o aumento do número de passagens e, em última análise, também causa a diminuição da resistência à tração final da ZTA. A diminuição da dureza também pode ser satisfeita pela microestrutura da ZTA mostrada na Fig.5.5a, 5.5b e 5.5c para 1, 2 e 3 números de passagens, respetivamente.

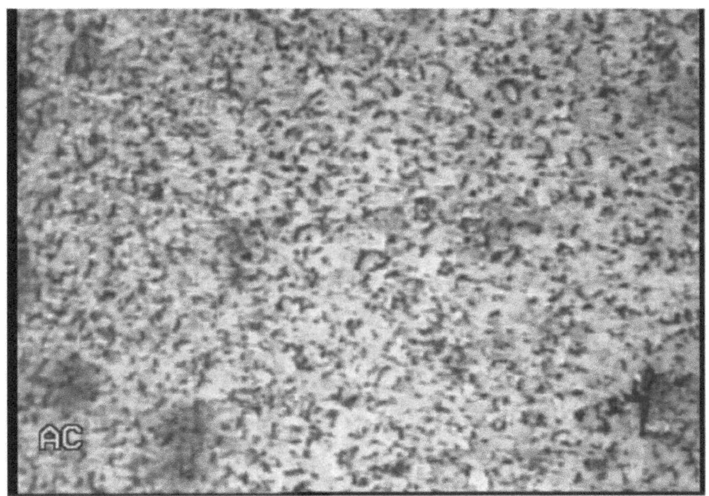

Na resoluçãol00

Fig.5.16: Microestrutura da ZTA em um passe

Na resoluçãol00

Fig.5.17: Microestrutura da ZTA em duas passagens

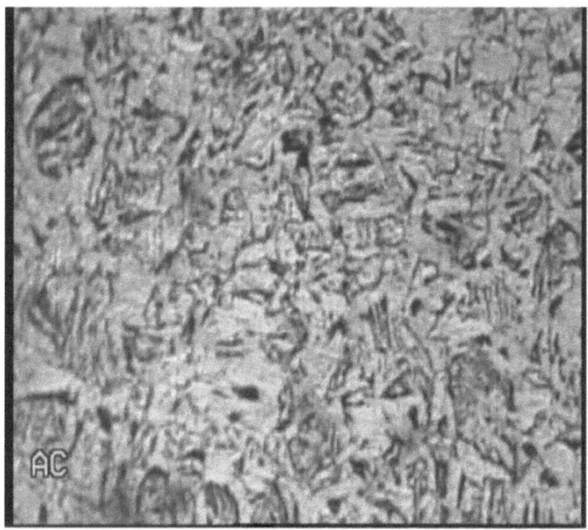

Na resoluçãol00
Fig.5.18: Microestrutura da ZTA em três passagens

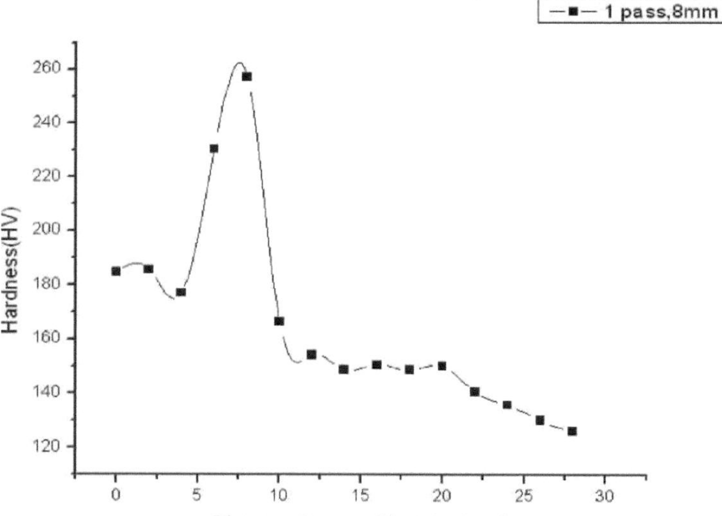

Fig.5.19: Efeito do Ipass na dureza

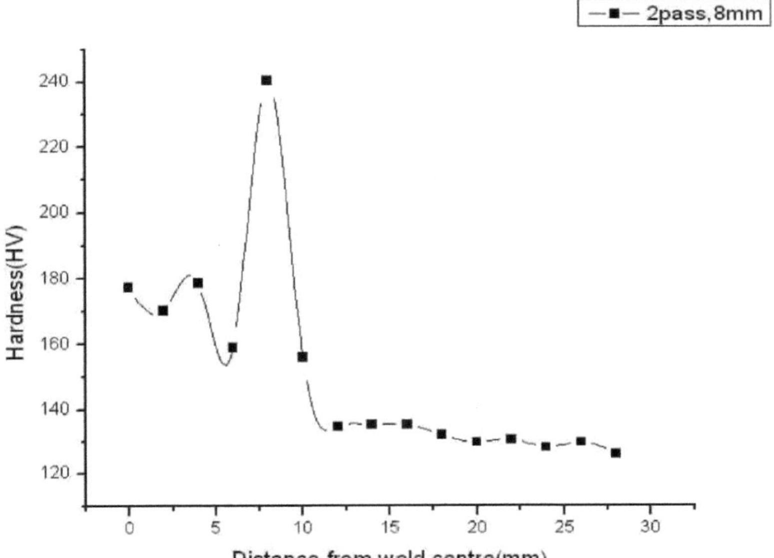

Fig.5.20: Efeito de 2 passagens na dureza

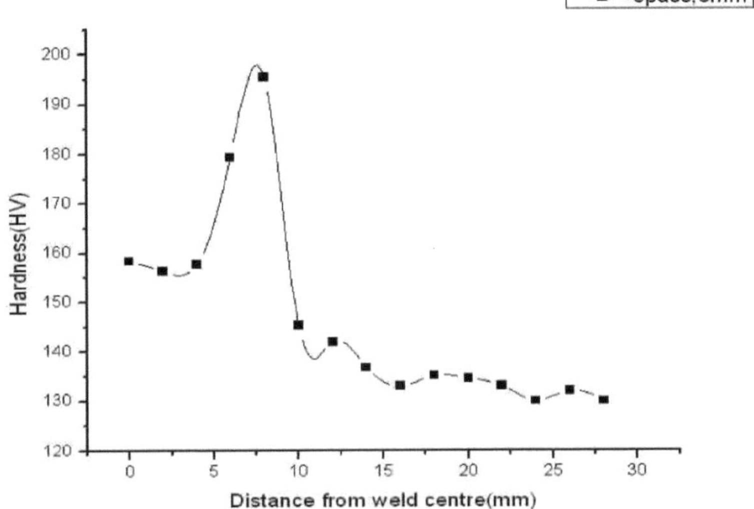

Fig.5.21: Efeito do 3-passos na dureza

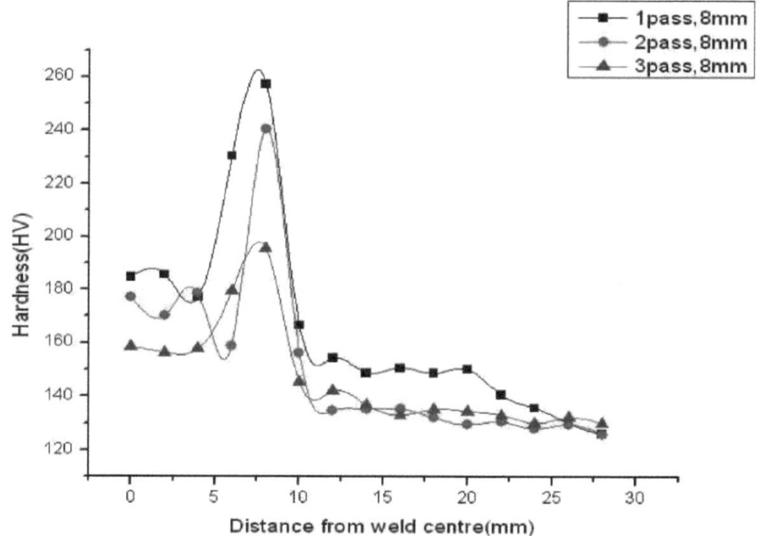

Fig.5.22: Variação da dureza com o número de passagens

Variação da dureza para um espécime de 16 mm de espessura. O espécime foi soldado fazendo ranhuras em V duplo. Como podemos ver a partir da experimentação, para a placa de 16 mm de espessura, há também uma diminuição da dureza da ZTA, que também é satisfeita pela sua microestrutura, como mostrado nas figuras 5.23 e 5.24.

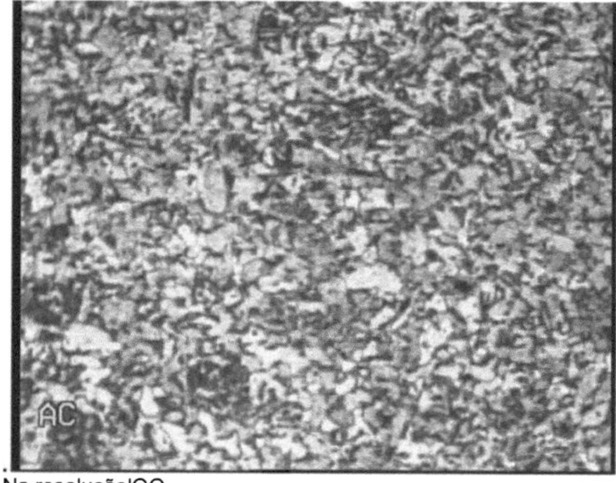

Na resoluçãol00

Fig.5.23: Microestrutura da ZTA em quatro passagens

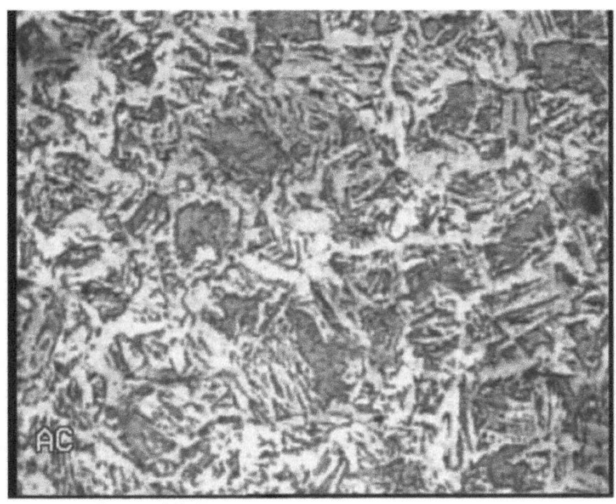

Na resoluçãol00

Fig.5.24: Microestrutura da ZTA em seis passagens

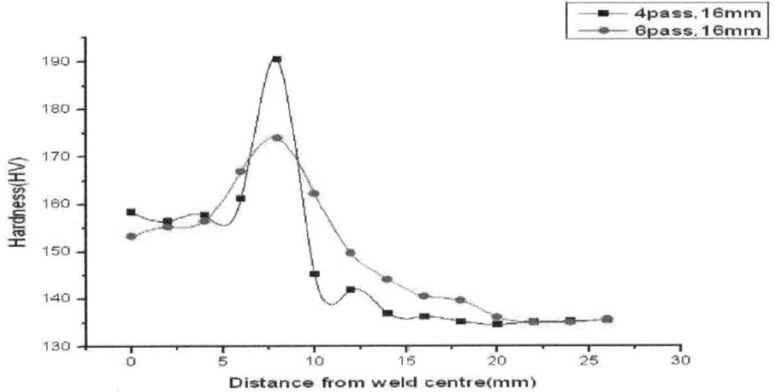

Fig. 5.25: Efeito de 4 e 6 passagens na dureza

Quadro n.o 5: Efeito de 4 e 6 passagens na dureza

Distance from weldbead center (mm)	Hardness (HV) 4 Passes	Hardness (HV) 6 Passes
0	158.4	153.2
2	156.4	155.2
4	157.7	156.4
6	161.2	167
8	190.5	173.9
10	145.2	162.2
12	141.9	149.7
14	136.8	144.1
16	136.1	140.5
18	135.1	139.5
20	134.5	136
22	135	135
24	135.2	135
26	135.4	135.5

5.6 Efeito do número variável de passagens na resistência à tração final

O efeito da resistência à tração foi observado em duas partes: em primeiro lugar, analisando o material removido da ZTA e, em segundo lugar, para o espécime que contém o cordão de soldadura no centro do espécime, como na fig. A tabela seguinte mostra a resistência à tração final e o alongamento do material da ZTA. A resistência à tração final do material da peça de trabalho foi de 30,05 kg/mm^2 e o alongamento percentual foi de 36%.

Tabela nº 6: Resistência à tração final e alongamento do material HAZ para espécimes de 8 mm

Specimen cut	Cross sectional	Ultimate	UTS	% age

from HAZ (No of passes)	area of specimen(mm²)	load	(Kg/ mm²)	elongation
1	15.9043	750	47.15	33.0
2	15.9043	725	45.58	34.0
3	15.9043	720	45.27	34.5
4	15.9043	700	44.01	37.0
6	15.9043	670	42.12	38.0

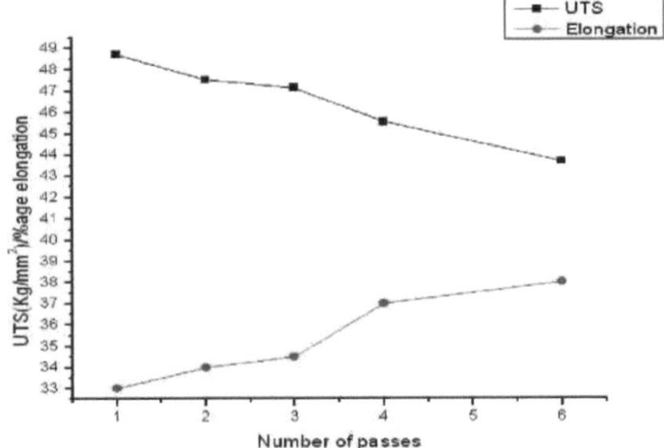

Fig.5.26: Efeito do número de passagens na UTS e no alongamento

5.6.1 Efeito do número de passes na resistência à tração final do material soldado no centro do provete de 8 mm

Tabela nº 7: Efeito do número de passagens na resistência à tração final para material soldado no centro da amostra de 8 mm

Specimen (No of passes)	Cross sectional area of specimen(mm²)	Ultimate load	UTS (Kg/mm²)
1	49	1890	38.57
2	49	1682	34.33
3	49	1640	33.46

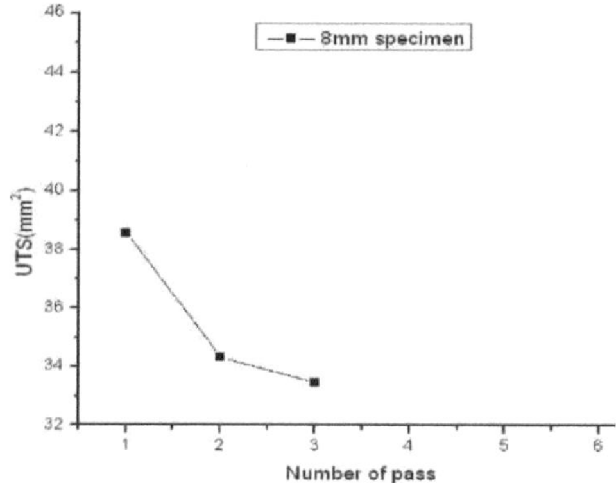

Fig.5.27: Efeito do número de passes na resistência à tração final para material soldado ao centro para um espécime de 8 mm

5.6.2 Efeito do número de passes na resistência à tração final do material soldado ao centro para um provete de 16 mm

Tabela n.º 8: Efeito do número de passagens na resistência à tração final para Material soldado no centro para o espécime de 16 mm:-

Specimen (No of passes)	Cross sectional area of specimen(mm²)	Ultimate Load (Kg)	UTS (Kg/mm²)
4	48	1700	35.42
6	48	1625	33.8

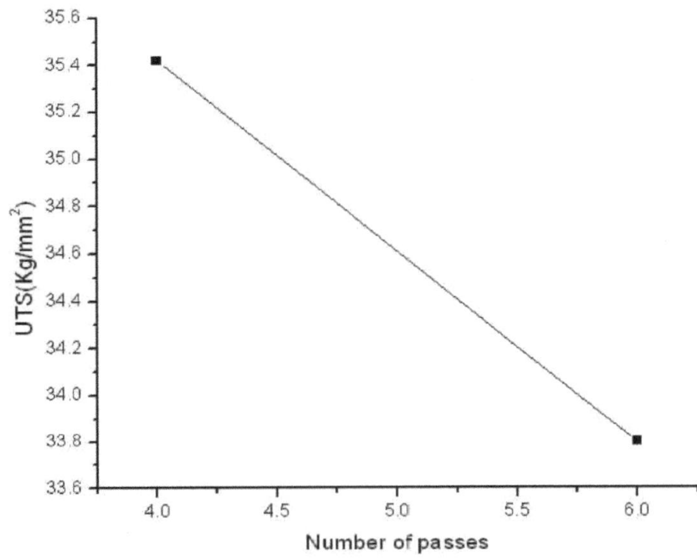

Fig.5.28:Efeito de 4 e 6 passagens na resistência UTS

5.7 Efeito do número de passagens na resistência ao impacto

Quadro n.º 9: Efeito do número de passagens na resistência ao impacto

Number of passes on 16mm work	Impact strength(ft lb)
4	28
6	47

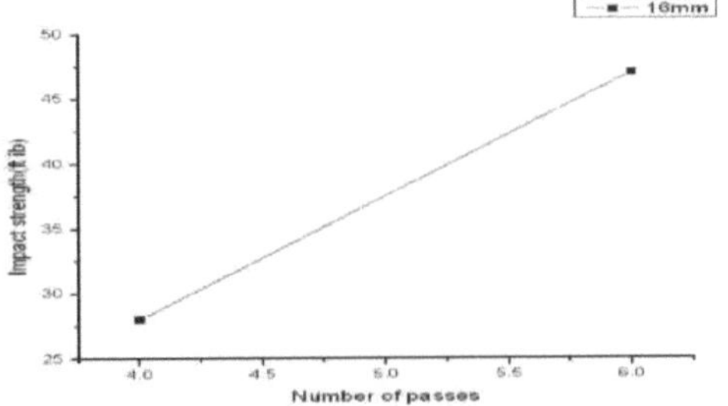

Fig. 5.29 Efeito do número de passagens na resistência ao impacto

5.8 Efeito da variação da espessura na dureza da ZTA

Para condições semelhantes, como corrente de 130Amp, tensão de 24, velocidade de soldadura e velocidade do elétrodo de arame, obtêm-se os seguintes resultados:-

Tabela nº 10: Efeito da variação da espessura na dureza da ZTA

Specimen thickness (mm)	Maximum HAZ hardness (HV)	Maximum UTS (Kg/mm^2)
5	185.3	34.8
8	200.1	47.15
16	190.5	44.2

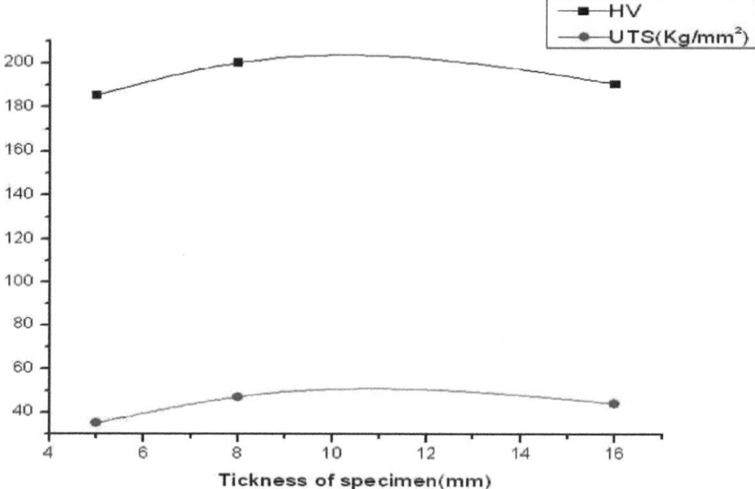

Fig 5.30 Efeito da variação da espessura na dureza da ZTA

CAPÍTULO 6

CONCLUSÃO

Das investigações experimentais podem ser retiradas as seguintes conclusões:

1. Por inspeção visual, observou-se que, com o aumento da tensão, há um aumento da penetração e há um ligeiro aumento da dureza da ZTA em relação ao aumento da corrente. Assim, pode concluir-se que, utilizando uma tensão mais elevada de 24V, é possível obter uma melhor penetração. Além disso, o aumento da penetração obrigou a efetuar o resto da soldadura de passes múltiplos com 24 V e 130Amp de corrente. Assim, a corrente de 24V e 130Amp é recomendada para soldar os espécimes.
2. Com o aumento da corrente de 130Amp para 160Amp, verifica-se um aumento da dureza da ZTA e uma diminuição da resistência à tração final, razão pela qual, com a soldadura no centro do provete, a peça de trabalho é fracturada a partir da ZTA.
3. Com o aumento do número de passes (de 1 a 3 para espécimes de 8 mm), o valor da dureza da ZTA das juntas soldadas diminui consideravelmente, mas com o aumento do número de passes (de 4 a 6 para espécimes de 16 mm), observou-se uma menor diminuição da dureza. Como o passe anterior pré-aquece o trabalho causando a redução do gradiente de temperatura, a formação da estrutura martensítica reduz-se causando a diminuição da dureza.
4. Quando se aumenta o número de passagens de 4 para 6 passagens, verifica-se um aumento da resistência ao impacto.

CAPÍTULO 7

ÂMBITO DO TRABALHO FUTURO

1. O efeito do pré-aquecimento do espécime pode ser observado para evitar defeitos.
2. Pode ser estudado o efeito da corrente, do diâmetro do elétrodo, do número de passagens e da velocidade de deslocação nas propriedades mecânicas de materiais com diferentes composições.
3. Pode ser estudado o efeito dos parâmetros de soldadura nas propriedades mecânicas da ZTA de juntas soldadas de aço com diferentes percentagens de carbono.
4. Pode ser estudado o efeito da corrente, do diâmetro do elétrodo, do número de passagens, da velocidade de deslocação e da resistência à fadiga da ZTA das juntas soldadas.

REFERÊNCIAS

5. *P.T. Oldand, C.W. Ramsey, D.K. Matlock e D.L. Otson,* "Significant features of high strength steel weld metal microstructures", Welding Journal, Vol. 68, No. 4, 1989, pp. 158s-168s.
6. *A. Kumar & S. Sundarrajan,* "Effect of welding parameters on mechanical properties and optimization of pulsed TIG welding of Al-Mg-Si alloy" ,International Journal of Advanced Manufacturing Technology (2009) 42:118-125
7. *Yaowu Shi', Dong Chen, Yongping Lei e Xiaoyan Li,* " Escola de Ciência e Engenharia de Materiais, Universidade de Tecnologia de Pequim, Volume 31, Números 3-4, novembro de 2004, Páginas 379-388
8. *Y. Makighi, H. Kaneshiro e K. Miyagi,* "The fundamental investigation of metallic crystal and hardness in the deposited metal and HAZ of mild steel weldments", Metal Abstract, Vol. 20, No. 1,1987, pp. 207.
9. *O.P. Khanna,* "A Text Book of Welding Technology", Dhanpat Rai Publications, 2001, pp. 570-577.
10. *Hideki Hamatani, Yasunobu Miyazaki, Tadayuki Otani, Shigeru Ohkita,* "Minimização do tamanho da zona afetada pelo calor em aço soldado de grão ultrafino sob arrefecimento por azoto líquido durante a soldadura a laser", Materials Science and Engineering vol.A 426 (2006), pp. 21-30
11. *J. Nowacki e A. Lukoj'c* "Estrutura e propriedades da zona afetada pelo calor de juntas soldadas de aços duplex", Journal of Materials Processing Technology

164- 165(2005) pp. 1074-1081

12. *M. El RayesL, C. Walz, e G. Sepold,* "The Influence of Various Hybrid Welding Parameters on Bead Geometry", A.W S. *Welding Journal,* MAIO 2004, 147s-153s.

13. *A.Lambert-Perlade, A.F. Gourgues e A. Pineau* " Austenite to bainite phase transformation in the heat-affected zone of a high strength low alloy steel", Ata Materialia vol.52 (2004) pp. 2337-2348

14. IFez *Zhou e K.G. Chew,* "Effect of welding on impact toughness of butt-joints in a titanium alloy", Materials Science and Engineering vol. A 347 (2003) pp.180-185.

15. G. *Bussu e P.E. Irving,* "The role of residual stress and heat affected zone properties on fatigue crack propagation in friction stir welded 2024-T351 aluminium joints", International Journal of Fatigue vol. 25 (2003) pp. 77-88.

V2. *M.Suhan, J.Tusek,* "Dependência da taxa de fusão na soldadura MIG/MAG do tipo de gás de proteção utilizado, " Journal of Materials Processing Technology 119 (2001)185-192.

16. M. *Eroglu e M. Aksoy,* "Effect of initial grain size on microstructure and toughness of intercritical heat-affected zone of a low carbon steel", Materials Science and Engineering vol. A286 (2000), pp. 289-297.

17. J.H. *Kim e E.P. Yoon,* "Notch position in the HAZ specimen of reator pressure vessel Steel", Journal of Nuclear Materials vol.257 (1998) pp.303-308

18. E. *Bonneviea, G. Ferri'erea, A. Ikhlefa, D. Kaplanb e J.M. Oraina,* "Morphological aspects of martensite-austenite constituents in intercritical and coarse grain heat affected zones of structural steels", Materials Science and Engineering vol. A 385 (2004) pp. 352-358

19. J. *Neves e A. Loureiro,* "Fracture toughness of welds-effect of brittle zones and strength mismatch", Journal of Materials Processing Technology 153-154 (2004) pp. 537-543

VI. *Ramazan Kacar e Orhan Baylan,* "An investigation of microstructure/ property relationships in dissimilar welds between martensitic and austenitic stainless steels", Materials and Design vol.25 (2004) pp. 317-329

20. //wa *Soon Park, Takahiro Kimura , Taichi Murakami, Yoshitaka Nagano, Kazuhiro Nakata e Masao Ushio,* "Microstructures and mechanical properties of friction stir welds of 60% Cu-40% Zn copper alloy", Materials Science and Engineering vol. A 371 (2004) pp. 160-169

21. *Cheng Liu, D.O. Northwood e S.D. Bhole,* "Tensile fracture behavior in CO2 laser beam welds of 7075-T6 aluminum alloy", Materials and Design vol.25 (2004) pp. 573-577.

22. **H.K Lee, K.S. Kim e C.M. Kim,** "Fracture resistance of a steel weld joint under fatigue loading", Engineering Fracture Mechanics vol.66 (2000) pp. 403- 419.

23. Jf. **Eroglu, M. Aksoy e N. Orhan,** "Effect of coarse initial grain size on microstructure and mechanical properties of weld metal and HAZ of a low carbon steel", Materials Science and Engineering vol. A269 (1999) pp. 59-66.

24. **V.P. Kujanpaa,** "Weld Defects in Austentic Stainless Steel Sheets- Effects of Welding Parameters" (Defeitos de soldadura em chapas de aço inoxidável austenítico - Efeitos dos parâmetros de soldadura). Welding Journal, Vol. 62, No. 2, 1983, pp. 45s-51s.

23...**N.J. Smith, J.T. McGrath, J.A. Gianetlo e R.F. Orr,** "Microstructure/ Mechanical Property Relationship of Submerged Arc Welds in HSCA80 Steel", Welding Journal, Vol. 68, No. 3,1989, pp. 112s-1 19s.

24 T.G. **Goose e B.J. Ginn,** "Heat Affected Zone Toughness of SMA Welded 12% or martensite steels" Welding Journal, Vol. 69, No. 11,1990, pp. 43 ls-440s.

25 **R.S. Chandel e S.R. Bala,** "Cooling Time and Features of Submerged Arc Weld Beads", Welding Journal, Vol. 64, No. 7, 1985, pp. 201s-208s.

26.5. **Sista, Z. Yang e T. Debroy,** "Three-Dimensional Monte Carlo Simulation of Grain Growth in the Heat Affected Zone of a 2.25Cr-lMo Steel Weld", Metallurgical and Materials Transactions B, Volume 3 IB, pp. 531-536, junho de 2000.

27 **I.Gowrishankar, A.K. Bhaduri, V. Seetharaman, D.D.N. Verma e D.R.G. Archar,** "Effect of Number of Passes on the Structure and Properties of Submerged Arc Welds of AISI Type 316 L Stainless Steel", Welding Journal, Vol. 66, No. 5, 1987, pp. 147s-153s.

28 **L.E. Svensson e B. Gretoft,** "Microstructure and Impact Toughness of C-Mn Weld Metals", Welding Journal, Vol. 69, No. 12, 1990, pp. 454s-461s.

29 **R. C. Voigt e C.R. Loper JR.,** "A Study of Heat-Affected Zone Structures in Ductile Cast Iron", Welding Research Supplement, pp. 82s - 88s, março de 1983.

3Q**R.K. Jain,** "Production Technology", Khanna Publishers, Delhi, 2001, pp. 344-346.

31 .J2.5. **Parmar,** "Welding Engineering and Technology", Khanna Publishers, Delhi, 2002, pp. 152-163.

32JL4. **Jackson,** "Solidification structures of pure metals", Vol. 9, Edição 9, 1985, pp. 607.

32 **Sidney H. Avner,** "Introduction to physical metallurgy", segunda edição, Tata McGraw Hill Edition, 2002, pp. 269-273.

34 **Dr. Sadhu Singh,** "Strength of material", Khanna Publishers, Delhi, 2003, pp.1021-1027.

35 ***Ervin E. Underwood,*** "Applications of Quantitative Metallography", Metal Hand Book, Vol. 8, Edition 8, Metallography Structures and Phase Diagrams, 1973, pp. 37-45.

61

yes
I want morebooks!

Buy your books fast and straightforward online - at one of world's fastest growing online book stores! Environmentally sound due to Print-on-Demand technologies.

Buy your books online at
www.morebooks.shop

Compre os seus livros mais rápido e diretamente na internet, em uma das livrarias on-line com o maior crescimento no mundo! Produção que protege o meio ambiente através das tecnologias de impressão sob demanda.

Compre os seus livros on-line em
www.morebooks.shop

Printed by Books on Demand GmbH, Norderstedt / Germany